KB097062

내 삶을 바꾸는 조금 긴 쉼표,

한달살기

내 삶을 바꾸는 조금 긴 쉼표,

한 달 살기

류현미 지음

l i f e - r e n e w a l

"나는 왜 이렇게 치열하게 사는 걸까? 잠시 쉬어가도 될 텐데?"

지유문고

프롤로그

많은 것을 하고 많은 것을 배우는 시간

"엄마! 이번에는 어디 가?"

나는 1년에 두 번, 방학 때마다 긴 여행을 다닌다. 맨날 '이번에는 어디 갈까?' 하며 한 달간의 여행을 기대한다.

"승호는 어디 가고 싶어?"

"난 남해."

엄마가 물으면 난 이렇게 대답한다. 드디어 이번에 우리는 남해를 한 달 여행지로 선택했다. 지난 번 여름에 갔던 곳은 금산이었다. 남해는 바다가 아름다웠다. 바다에서 서핑을 즐기고 죽방렴에서 놀았던 추억이 떠오른다.

우리는 한 달 동안 여행을 한다. 그곳에서 추억을 쌓고 여러 가지 색다른 경험을 하고, 내가 몰랐던 많은 것들을 알게 된다. 남해에서는 문어, 해삼, 갈치 등 바다생물들을 잡아보는 소원성취도 하고, 서핑이라는 재미있는 취미도 생겼다.

한 달 살기 여행은 많은 것을 할 수 있고 또 많은 것을 배울 수 있다. 나는 한 달 살기 여행이 너무 좋다.

어떤 사람들은 '여행이 무슨 이득이 있어?'라고 말한다. 그러나 나는 그 사람들에게 여행이 얼마나 좋은 점이 많은지 알려주고 싶다. 나에게 여행이란 언제나 기다려지는 시간, 행복한 날이다.

(아들 조승호)

"한 달 살기 떠나기 전 가슴이 두근두근"

나는 방학 동안 한 달을 낯선 곳에서 살아보는 여행을 간다. 나는 제주도에 있는 우리 볍씨학교 언니 오빠들을 만나고 싶다. 그러나 엄마는 제주도에는 차를 가지고 가기가 힘들다고 한다.

"아~ 나는 제주도가 좋은데!"

제주도에서 언니 오빠들을 보고 싶었다. 우린 남해로 가기로 했다. 그래도 내일 남해로 여행을 떠날 생각을 하니 가슴이 두근두근 거린다. 더구나 바로 내일이어서 좋다. 너무 기대된다. 남해에서 물고기도 잡고 서핑도 하고 신나게 놀아야지.

(딸 조승희)

머리말

"나는 무엇 때문에 이렇게 바쁘게 살고 있는가?"

나이 35살에 둘째 아이를 낳았다. 둘째가 세 살 무렵, 나는 짧은 여행을 떠났다. 그리고 그날은 주부로서, 사회인으로서 앞만 보며 치열하게 살고 있는 내 모습을 뒤돌아보게 된 시간이었다.

나이 30~40대쯤 되면 고민은 대개 비슷비슷하다. 자녀학습 고민, 부동산 걱정, 노후대비 문제를 부여잡고 어쩌지?, 어떡할까? 노심초사하다 다른 사람들처럼 나 역시 그저 직진만 하며 살았다. 아등바등하는 도시 생활에서 삶의 여유를 찾기는 힘들었다. 아이들을 위한 입시 뒷바라지, 치솟는 집값, 갚아야 하는 대출금 압박, 점점 빨라지는 퇴직 시기에 대한 불안감. 게다가 노후에 대한 걱정은 하루하루를 더욱 건조한 낙엽처럼 바싹 메마르게 만든다.

아이들이라고 다를까? 아침 일찍 눈을 뜨면 졸음을 쫓고 밥도 먹는 둥 마는 둥 학교에 가기 바빴다. 학교에서 돌아와 또

잠잘 시간까지 아이들 나름의 바쁜 일상에서 벗어날 수가 없었다.

"나는 왜 이렇게 치열하게 사는 걸까? 잠시 쉬어가도 될 텐데?"

좀 내려놓고 떠나고 싶었다. 그 무렵 두려움에 주저했던 용기를 냈다. 아이 둘과 함께 몇 년간 고민만 해 오던 '한 달 살기 여행'에 도전한 것이다.

전쟁 같은 일상을 보내고 있는 우리 가족들에게 '여행'을 통해 여유와 평안함을 주고 싶었다. 처음엔 1박 2일 그리고 2박 3일. 그 정도면 족했다. 그러나 짧은 여행은 늘 아쉬움이 남았다. 여행 날짜를 조금 더 늘리기 시작했다. 그게 일주일 여행이 되다가 금세 한 달 살기 여행으로 변했다. 여행을 통해 내 삶에 쉼표를 찍는 기술을 터득하게 된 계기였다.

짧은 여행도 좋았다. 하지만 한 달 살기 여행은 치열한 삶을 버텨낸 나에게 주는 엄청난 선물이자, 우리 가족에게 일상의 모든 가치를 바꾸어 놓은 놀라운 터닝 포인트가 되어 주었다.

한때 나는 소비문화에 젖어 있었다. 스트레스를 물건을 사는 소비로 풀었다. 물건을 사는 것이 잠시나마 나에게 주는 위안이었고, 그것이 행복을 준다고 믿었다. 우리 집은 한때 잡다

한 물건들로 그득 그득했다. 이 때문에 매번 물건을 찾기에 바빴고 또한 중복된 물건이 많았다.

그러던 내가 한 달 살기로 내 삶의 새로운 길을 찾았다. 생각이 달라졌다. 쫓기는 삶에서 즐기는 삶을 알게 됐다. 여행을 하면서 새로 경험하는 것, 다른 사람들의 삶을 들여다보는 것, 자연이 주는 엄청난 지혜, 주저하고 앉아 있으면 절대로 느낄 수 없는 것들을 얻었다. 지금은 여유 있는 여백의 공간에 미니멀한 삶이 됐다. 물건이 필요 없어졌다. 물건이 비워지는 만큼 근심과 걱정으로 꽉 찬 마음 역시 비어지는 것을 느낀다. 그러자 내 일상의 삶의 질이 오히려 높아졌다.

한 달 여행은 또 내 집의 소중함을 느끼게 해주었다. 집이 비싸거나 멋들어지지 않아도 내가 다시 돌아올 수 있는 곳이 있다는 것만으로도 얼마나 감사한지를 알게 되었다.

아이들에겐 여행 자체가 교육이었다. 여행은 새로운 것에 도전하는 것에 대한 불안과 두려움에서 벗어나게 해 주었고, 무엇이든 해보려는 적극성과 주체적인 삶의 소중함을 아이들에게 깨우쳐 주었다.

얼마 전 우리 동네도 집값이 오르고 있다는 소문이 나돌았다. 그러나 나는 이제 그런 이야기에 흔들리지 않을 마음의 힘이 생겼다. 몇 억의 대출을 받아 집을 이고 사는 것보다 자유로이 훨훨 언제라도 떠날 수 있는 나그네 여행길이 훨씬 소중하다는 걸 잘 알고 있기 때문이다.

한 달 살기를 해보니 내 일상을 벗어나 쉼표를 찍고 다시 충전하여 일상을 또 행복하게 살아가는 방법을 터득할 수 있었다.

나는 현재 한 달 살기 여행 정보 블로그를 운영하며 많은 사람들과 정보를 나누고 있다. 이곳에서 정보를 보고 다른 도시에서도 나를 찾아와 여행의 팁을 얻고 싶어했다. 한 달 살기 여행을 하는 사람을 만나 새로운 인연을 맺기도 한다. 그들 모두 한 달 살기 여행을 통해 좌절을 딛고 희망을 얻고 성공을 얻은 분들이었다.

사실 한 달 살기 여행은 그다지 어렵지 않다. 비용이 많이 드는 것이 아니다. 휴가철 3일의 여행비용이면 한 달 여행도 충분히 가능하다. 그저 조금의 용기만 내면 될 일이다.

그래서 더 많은 분들이 한 달 살기에 대해 관심을 가져보고 도전해 보길 권한다.

당신도, 당신의 가족도 할 수 있다. 나는 그런 당신을 위해 도움이 되고 싶어 이 책을 쓰기 시작했다. 이 책을 통해 지금도 어디선가 망설이고 있는 당신에게 용기를 북돋아주고 싶었기 때문이다.

"한 달 살기 여행, 이제 당신도 시작할 수 있습니다."

언제나 나의 행동력에 놀라지 않고 지지해 주는 남편, 엄마와 함께 언제라도 떠날 준비가 되어 있는 나의 소중한 여행 동지 승 남매에게도 감사함을 전하고 싶다. “고마워, 그리고 사랑해!”

지은이 류현미

3장/ 누구나 떠날 수 있는 한 달 살기 '바로 여기' 67

4장/ 모험이 기다리는 한 달 살기 좌충우돌기 99

7장/ 돌아와서 다시 내가 되기 191

8장/ 한 달 살기, 행복 끌어당기기 213

1장

전쟁 같은 일상에서 벗어나 보는
조금 특별한 여행

어쩌면 하루하루 버텨내고 있다

"승호야! 승희야! 학교 늦겠다. 얼른 밥 먹어!"
"우쿨렐레(기타와 비슷한 악기) 한 번만 치고……."

엄마의 재촉에도 아이들은 천하태평이다. 첫째 아들은 눈을 비비고 잠이 덜 깬 얼굴로 밥도 안 먹고 우쿨을 치고 있다.

"야! 아침부터 우쿨 치면 다른 집 시끄럽잖아!"
"……."
"숙제는 챙겼어?"
"아, 맞다! 지금 할게!"
"뭐~라고?"
나는 이내 이마를 짚는다.
"아이고~ 머리야."

몇 년 전만 해도 우리집 아침은 늘 전쟁터 같았다. 초등학교 저학년 남매를 키우는 내 목소리는 점점 커져 갔다.

엄마 마음 같지 않게 느릿느릿 거북이같은 아이들이었다. 식판에 산처럼 쌓은 밥과 반찬을 다 먹인 후 사과 4분의 1쪽을 손에 쥐어 보내야 내 맘이 편했다. 겨우 식탁에 앉은 아이들은 밥을 한 수저 한 수저 로봇처럼 먹는다. 딸은 반쯤 눈을 감고 엄마가 먹여주는 밥숟가락을 입만 뻥긋 벌리면서 받아먹고 가끔은 입을 꾹 다물고 열지 않을 때도 있다.

나는 밥숟가락 밀어 넣기 신공이 된 사람마냥 잠시라도 쉬는 입을 보고 있지 못하고 숟가락을 들이민다.

아이들을 학교에 보내고 나면 나는 내 오전 일과를 체크하고 5분 만에 머리감기, 5분 만에 옷 입기, 5분 만에 화장하기 신공을 발휘한다. 이미 경지에 이른 손놀림과 몸놀림으로 어느새 현관을 빠져 나가고 있다.

오늘은 서울 합정에서 하는 강의를 들으러 가는 날. 지하철은 오늘 따라 유난히 사람들이 더 붐비는 듯 느껴진다. 역 구간마다 지하철이 설 때면 도미노처럼 사람들이 밀고 밀린다. 이 사람들도 나도 다 살아남기 위해 이렇게 견디며 서 있을 것이다. 아, 정말 온몸이 구겨지는 거 같다. 이것이 내 인생일까?

넘치는 집값, 넘치는 아이들 교육비, 곧 다가올 미래의 불안으로 나는 온몸의 긴장을 풀지 못한 채 발가락 10개에 힘을 주고 꿋꿋이 버티고 서 있는 것이다. 그렇게 또 하루를 시작하고 강의를 듣고 많은 인파 속에서 허겁지겁 빠져나와 오늘도 내 길을 가고 있다.

아침과 달리 오후가 되면 아이들의 목소리는 우렁차다.

"엄마! 오늘 저녁 메뉴 뭐야?"

"승호, 승희가 좋아하는 닭볶음탕이지~."

"앗싸! 우리 엄마 최고! 맛있는 거 이렇게 많이 해주는 사람은 우리 엄마밖에 없을 걸."

언제나 나는 정 많은 할머니들이 하는 것처럼 아이들 엉덩이를 쓰담쓰담 해주며 반겨준다. 아이들이 도착하기 전 정성껏 밥상에 차려놓고 말이다.

아이들이 좋아하는 닭볶음탕과 밥은 순식간에 사라진다. 간식으로 아이들이 좋아하는 고구마스틱을 맛있게 구워 과자처럼 함께 먹는다.

"오늘 학교에서 뭐하고 놀았어?"

"응~ 엄마 오늘 산에 올라가 정말 신기한 기지를 만들었어?"

아들은 두 손으로 지붕 모양을 만들며 설명했다.

삼척 한 달 살기 – 낮에 신나게 놀고 자는 남매. 자는 모습도 닮았다.

"어떤 기지인데?"

"응~ 이동식 기지였어."

"정말? 멋지겠다. 누구랑 만들었어?"

나는 맞장구를 쳐 주었다.

"응, 지수랑 행운이랑 기철이와 함께 만들었어."

"모두 1학년 동생들이네! 동생들과 놀아도 재미있니?"

"그럼, 동생들이 내 말을 엄청 잘 들어! 그래서 엄청 편해!"

나는 '푸핫~' 웃음을 빵 터뜨렸다. 1학년 때 아들이 쓴 글이 생각났다. 아들은 1학년 때 형들이 졸병을 많이 시켰다. 졸병을 많이 해서 참 재미있었다고 썼다. 지금 상황이 바뀌었지만 동생들도 그때 아들처럼 졸병놀이가 재미있었으면 좋겠는데…….

내가 주방에서 설거지를 하는 동안 첫째는 우쿨을 가지고 다시 띵가띵가 연주한다. 딸아이는 색종이를 가져와 오려붙이고 새로운 작품을 만든다. 어느덧 시간은 저녁 8시가 되어가고 아이들이 숙제를 모두 마치면 서둘러 잠을 재운다.

"이제 자야 할 시간이야."

"조금만, 조금만."

"얼른 씻고 오는 사람에게 책 한 권 읽어줄 거야?"

"응, 엄마!"

늘보처럼 느리던 두 아이는 순식간에 후다닥 씻고 양치하고 책 하나를 겨드랑이에 끼고는 내 옆에 발을 쭉 뻗고 눕는다.

저녁 8시를 넘기면 무슨 큰일이라도 나는 듯 이불 위로 아이들을 데리고 가서 잠을 자라고 재촉하기 시작한다. 아이들은 잠이 들고, 나는 컴퓨터를 켜고 못 다한 일을 마무리하며, 오늘도 무사히 이렇게 하루가 지나가고 있음을 느낀다. 대개의 하루는 이렇게 흘러간다.

매일매일 똑같이 다람쥐가 쳇바퀴를 돌리듯 나와 우리 아이들은 쉬지 않고 쳇바퀴를 돌리고 있었다. 그렇게 우리는 하루하루를 버텨 나갔다.

그러던 어느 날 매일 똑같이 하루를 살아내는 우리 삶에서 쉼표 하나를 찍고 싶었다. 그렇게 시작한 것이 바로 '한 달 살기 여행'이었다. 한 달 살기를 하면서 나는 전쟁터에서 벗어날 수 있게 되었고, 짜여 있고 재촉하는 시계를 더 이상 보지 않게 됐다.

여행가이자 저술가인 정은길 님은 『나는 더 이상 여행을 미루지 않기로 했다』(다산3.0)에서 이렇게 말했다.

"불행하게 버티는 대신 행복하게 고생하는 일이야말로 복잡한 우리의 삶을 심플하게 만들어주는 핵심원칙이다."

그랬다. 불행 대신 행복한 고생을 선택해 보기로 한 것이다.

우리 가족이 오랫동안 한 달 살기를 실천하자 주변의 많은 사람들이 궁금해한다.

"집 떠나면 고생이라는데, 왜 생고생을 하며 한 달이나 아이들과 집을 떠나 있냐?"고.

나는 그런 질문에 웃으며 이렇게 대답해 준다.

"쳇바퀴에서 벗어난 나를 볼 수 있는 시간이라 더 행복한 시간인 걸요."

한 달 여행을 떠나 보면 발견하는 것이 있다. 그건 위태롭게 하루하루 버티고 살았던 내 모습이다.

한 달 살기 여행과의 만남

나는 한 달 살기 여행 실천가이다. 초등학생인 자녀 승호와 승희가 주로 여행 동지다. 말하자면 '한 달 살기 여행 실천 가족'이라고 할 수 있다.

우리 셋은 방학이 있는 여름과 겨울 두 차례 한 달 살기를 떠난다. 때론 국내로, 때론 국외로 간다. 물론 그곳은 대개 이전에 가본 적이 없는 낯선 곳이다.

우리 가족의 첫 번째 한 달 살기 장소는 강원도 양구였다. 첫째 아이 출산 몸조리원의 친구네가 강원도로 이사를 가면서 그곳에 여행을 가게 되었다. 그때 우리 아이들 나이는 겨우 3살과 5살. 아이들이 감기 걸릴까봐 두렵긴 했지만 그 두려움을 깨지 못했다면 어쩌면 이후 한 달 살기 여행을 만나지 못했을 것이다.

추운 겨울, 강원도 여행이 시작됐다. 눈밭을 가리키며 조그마한 아이들이 말했다.

"엄마, 나 여기 누워도 돼?"

"그럼~ 맘껏 누워."

"앗싸! 엄마 최고!"

"승희야! 누가 빨리 구르는지 대결하자."

"응, 오빠!"

아이들은 추운 겨울이지만 땀까지 삘삘 흘리며 뛰어다녔다. 그해 겨울 우리는 서울에는 흔하지 않던 눈을 강원도에서 만났고, 개울가에 반짝이는 눈이 소복이 쌓여 있는 멋진 풍경을 보았다. 눈 위에서 온몸을 뒹굴고 또 뒹굴고 노는 우리 아이들의 웃음소리는 지금도 생생하게 귓가에 들려온다.

그날 새삼 알게 됐다. 추운 겨울에 몸을 움츠리고 있는 건 어

네 번째 한 달 살기 – 남해 금산에서

른들의 마음이었다고. 아직 자라고 있는 자유로운 영혼인 아이들에겐 그 추위 따위는 하나도 무섭지 않다고.

이렇게 우리는 이런 짧은 겨울여행을 감행한 뒤 고민 끝에 한 달 살기 여행의 첫 장소를 이곳 강원도 양구로 결정했다. 다행히 친구네도 근처에 있고 친구가 소개해 준 숙소에서 한 달 살기를 시작하기에 안성맞춤이었다.

인간은 사는 장소만 바뀌어도 새로운 곳에 대한 호기심과 설렘이 생긴다. 그 호기심과 설렘은 또 우리에게 힐링을 준다. 낯선 곳에서의 한 달 살기는 전쟁 같은 일상을 멈추는 쉼표를 주었고, 내가 몰랐던 나를 만났고, 세상을 바라보는 나의 관점을 변화시키는 시간을 선물했다.

내 집에 대한 관점, 소비에 대한 관점, 미니멀한 삶에 대한 관점, 육아를 전쟁이 아닌 즐기는 것으로 바라보는 관점 등 삶을 대하는 나의 태도에 엄청난 변화를 가져다 준 내 인생의 터닝 포인트가 되었다.

심리학자 아들러는 "아무것도 하지 않으면 아무 일도 일어나지 않는다."고 했다. 몇 년 전에 고민 끝에 '에이 모르겠다'며 한 달 살기 여행에 도전했지만, 그때 만약 아무것도 하지 않았다면 오늘의 이 변화는 결코 오지 않았을 것이다. '두려움을 치료하는 것은 행동하는 것'이라는 명언이 있듯이 나는 그 두려움을 깨고 행동했고 한 달 살기를 만났다.

집값 상승, 오 마이 갓!

"여보! 장기전세집 당첨됐어!"

"진짜! 진짜!"

이번이 장기전세에 접수한 지 삼수 째였다. 우리는 신혼부부 특별분양에서 마지막 기회를 잡은 것이다.

"대박! 승호야! 우리 이사간다! 새집으로!"

신랑이랑 나는 하늘을 나는 듯 기뻤다. 로또라도 당첨된 듯이 환호성을 질렀으며, 설레고 행복했다. 이제 막 말을 하기 시작한 아들 녀석에게 흥분을 하며 이사간다고 자랑했다.

"엄마! 나 이사 갈래."

"그래, 그래."

우리 가족의 일대기를 살짝 소개하자면, 2007년 내 나이 서른 살에 동갑친구였던 지금 남편과 결혼했다. 남편은 평범했다. 대한민국 남자들은 군복무를 마치면 대부분 26살 전후에 대학을 졸업한다. 그리고 2년 정도 살뜰히 저축하며 사회생활을 하다보면 결혼을 할 나이인 서른쯤 된다.

우리는 신혼집으로 영등포에 있는 30년 된 5층짜리 낡은 아파트를 전세 계약했다. 아파트 건물 벽은 페인트칠이 다 벗겨져 있었다. 실내라도 깨끗이 살고 싶은 마음에 도배와 장판을 새로 했다.

남편은 학교를 졸업하고 본인이 원하는 설계 일을 시작했지만 월급은 많지 않았다. 급여가 적었기에 살림형편은 빨리 넉넉해지지 않았다. 그나마 내기 잠시나마 맞벌이를 하였기에 저축을 할 수 있었다. 그렇게 조금씩 아껴 모은 돈으로 조금 더 나은 철산에 위치한 25년 된 아파트로 이사를 하게 됐다. 그곳에서 나의 사랑스런 아가 첫째 승호를 낳았다.

아이를 낳는 순간 입이 하나 늘면서 생활은 다시 빠듯해졌다. 잠시나마 맞벌이로 모은 돈은 순식간에 사라졌고, 산후조리비는 하늘을 찌르는 가격이었다. 아이들 용품비는 어른 옷 한 벌보다 더 비쌌다. 우리는 전전긍긍하며 아이를 키웠다. 그때도 그렇게 버텨야 한다고 생각하고 하루하루 견뎌내야 한다는 마음이어서 살아진 듯하다.

삶은 힘들었지만 첫 아이는 우리에게 햇볕같은 존재였다. 빡빡한 생활이 힘들지만 둘째는 꼭 있어야 한다는 우리 부부의 신념으로 둘째 아이를 낳기로 했다. 사실 우리 부부 둘 다 아이 셋을 원했지만 이 꿈은 포기하기로 했다. 우리의 벌이로는 셋째까지 키우는 건 감당하기 힘들 것이란 판단 때문이었다.

그러던 상황에서 둘째를 임신하게 됐고 정말 운 좋게 우리는 서울시에서 시행하는 장기전세 시프트에 당첨된 것이다.

다섯 번째 한 달 살기–
베트남 다낭에서

저절로 '야호' 소리가 입에서 나올 만했다.

둘째 덕인가 싶게 삼수 만에 당첨이 됐고, 구로구 천왕동에 신혼부부 특별분양으로 장기전세 20년 동안 살 수 있는 집을 얻게 된 것이다.

주위에서 정말 로또에 당첨된 거나 진배없다며 축하해 주었다. 그때는 정말 하루가 다르게 전세가 올랐다. 정말 갑의 세상에서 을이 힘겹게 버티는 삶처럼 느껴졌다.

신혼부부들이 아이를 낳고 키우면서 기뻐할 틈도 없이 집 문제로 전전긍긍하는 건 이야깃거리도 안 된다. 집은 결혼해서 늙어죽을 때까지 애물단지다.

하지만 한 달 살기 여행을 시작하면서 나는 집에 대한 관점이 확실히 바뀌었다. 가장 먼저 내 집에 대한 집착이 사라졌다.

어떻게 하면 집을 살 수 있을까? 대출을 몇 억씩 받고 그걸 갚느라 바삐 살아가는 것보다 하루하루 여유를 가지며 행복하게 사는 것이 더 중요하지 않을까?

세상에서 가장 가난한 대통령으로 알려진 우루과이 무히카 대통령이 한 말이 떠올랐다.

> "빈곤한 사람이란 적게 가진 사람이 아니라, 아무리 많이 소유해도 만족하지 않는 사람입니다. 그리고 덧붙여 할부금을 갚아야 하기 때문입니다. 그 돈을 다 갚고 나면 저와 같이 류마티스 관절염을 앓는 노인이 되어 있고, 자신의 인생이 이미 끝나간다는 것을 깨달을 것입니다."

그는 대통령이 된 후 대통령궁을 노숙자 쉼터로 내주고 시골농장에서 소박하게 지냈다고 한다. 그는 세상에서 가장 가난한 대통령이라고 하는데 마음은 가장 따뜻한 대통령이었다. 어느덧 나라에 부패가 점점 사라지고 매년 경제가 5%씩 성장했다.

집 대출에 허덕이며 집을 살 것인지, 전세라도 하루하루를 즐기며 살 것인지, 선택은 각자의 마음이다. 나는 내 집이 아니라 빌려 쓰는 공간을 선택했지만 지금 너무나 행복한 삶을 누리며 살고 있다.

소비로 내 욕구를 충족시켰던 그때

한 달 살기 여행 전에는 친구와 통화를 하다 보면 자연스럽게 수다가 길어졌다. 그날도 집에 둘 수 있는 미니 아기체육관에 대해 통화하면서 어느 아기체육관이 좋다는 등 30분 째 스마트폰을 잡고 있었다.

"요즘 인기폭발이라던데, 너도 아기체육관 샀어?"

"그럼 하나 샀지. 너도?"

"당연하지"

나는 '멋진 육아 = 좋은 상품 구매' 하는 식이었다. 어쩌면 그것이 내가 할 수 있는 최선의 일탈일지도 모른다. 아기체육관 하나 사서 집에 들여다 놓으면 아이를 다 키울 수 있을 것이라 생각했던 것이다.

그 시절엔 어떤 한 물건에 꽂혔다가 그 물건을 사고나면 관심사는 다시 다른 물건으로 옮겨갔다. 그 물건을 사기 전까지 설렘은 나에게 짧은 행복감을 주었다. 나는 그렇게 스트레스를 털어내고 있었다.

그러나 돌아보면 나는 그때 감정소비를 하고 있었다. 육아에 얽매여서 내가 진정 하고 싶은 것을 못하고 있다는 욕구불만을 소비로 풀었던 것이다.

OPEN
EVENT

그런데 그런 소비욕망이 사라졌다는 걸 알게 된 건 한 달 살기 여행 기간이었다. 한 달 살기 여행을 하면서는 나는 더 이상 소비욕구가 올라오지 않는 것을 경험하게 됐다.

일본의 실천적 지식인이자 저술가인 히라카와 가쓰미는 자신의 책 『소비를 그만두다』(더숲)에서 "소비란 먹고 사는 데 돈을 쓰는 행위가 아니라 굳이 필요하지 않은 무언가를 원하고 그 욕망을 채우기 위해 돈을 벌어 쓰는 행위"라고 정의했다.

나의 소비행태도 나에게 채워지지 않는 그 무엇, 그 욕망을 대체하는 그런 불필요한 소비가 아니었을까?

사실 한 달 동안 살 숙소에서도 필요한 물건들은 자꾸 생긴다. 그러나 이젠 달라졌다. 고춧가루 통이 필요하다는 데 꽂히면 아기자기하고 예쁜 양념 통을 고르기 위해 인터넷으로 서치하고 있어야 할 내가 재활용 플라스틱 통 하나로 충분하다고 생각하게 됐다. 한 달 살기를 하면서 소비에 대한 나의 관점이 바뀐 것이다.

나는 소비를 하지 않고도 잘 살 수 있음을 알게 되었다. 소비를 줄이는 게 오히려 지구를 살리는 일이고 미세먼지를 줄이는 일임을 알게 됐다.

나의 허전히 비어 있던 욕망은 한 달 살기 여행으로 충분히 넘치게 채워지기 때문에 구매충동이 생기지 않았다. 관심사가 바뀌었다.

"내일은 아이들과 뭐하고 놀지?"

소비여행을 한 달 살기 여행으로

우리는 한 달 살기 전과 후의 여행방식이 완전히 달라졌다. 한 달 살기 이전에 사이판 여행을 준비했을 때의 일이다. 우리 부부는 한참 여행 준비 사항을 체크하고 있었다.

"여행갈 준비 다 됐어?"

남편이 물으면 나는 이렇게 대답한다.

"아직 못 산 게 너무 많아!"

"무얼 더 사야 하는데?"

"여행 가서 입을 옷도 없고, 모자도 없고, 사야 할 것들이 많아!"

여행지에서 입을 옷이 없었고, 구명조끼도 없었고, 튜브도 없었다.

"아이고 많네! 그거 다 사야 해?"

"응, 이번 기회에 스노우 쿨링 장비도 살까?"

여행 준비는 온통 필요한 물품을 구입하고 준비물을 사는

데 집중돼 있었다. 여행을 가기 전부터 필요한 품목부터 적었다. 그리고 필요한 용품들을 인터넷을 서치하고 직접 매장에 가서 구매하기도 했다.

여행 가기 전부터 소비가 시작된 것이다. 사실 여행경비도 경비지만 가기 전의 사전 용품 구매 비용도 만만치 않게 든다. 여행경비 플러스 사전 구매 경비까지 예상 경비이다. 과거의 나는 그냥 훌쩍 떠나는 여행이 아니라 뭘 사서 준비할까에 관심을 두는 소비여행이었던 것이다.

그때의 여행은 나에게 명절만큼이나 큰 행사와 같았다. 준비과정부터 할 일이 산더미였다. 여행지에서도 더 많은 경험을 하고 싶었던 나의 욕구 때문에 여행일정도 늘 빡빡하게 잡았다. 여행지에 도착해서도 다를 바 없었다. 여행지에 와서 선물쇼핑을 하느라 시간낭비를 한 적도 많다.

"엄마! 오늘은 아침밥 먹고 수영장 바로 들어가도 돼?"

"안 돼! 9시까지 모여서 다른 데 다녀온데!"

"엄마 나빠! 나 수영 어제도 조금밖에 못했는데……."

멋들어진 리조트에 있었지만 정작 수영할 수 있는 시간은 여행 날짜 중에 고작 한나절 정도였다. 우리가 묵은 리조트에는 풀이 여러 개가 있었다. 카약을 탈 수 있게 긴 풀도 여러 개였다. 그리고 리조트 앞바다에서 스노우 쿨링을 맘껏 할 수도 있는 리조트였다. 그러나 우리는 '이 리조트에 왜 왔는가?' 싶을 정도로 밖으로만 나돌아 다녔다. 여행 선택 사양들과 외부 특식으로 일정이 늘 빠듯했다.

"미안, 근데 이렇게 일정이 나와서 어쩔 수가 없네."

나는 오랜만에 가는 여행이기 때문에 이왕이면 이것도 하고, 저것도 하고 무조건 더 다양한 관광을 하는 게 좋다고 여겼다.

그리고 이왕 가는 거 '리조트도 좀 더 좋은 곳으로 가자'라고 생각했다. 뒤돌아보면 가성비가 좋지 않은 여행이었고 우리 아이들의 여건에도 맞지 않은 여행이었던 것이다.

사실 우리 아이들은 풀에서 물놀이만 했어도 대만족인 여행이었을 텐데.

어느새 나는 여행을 보는 관점이 많이 달라졌다. 현재 나는 입던 옷 중에서도 가벼운 옷으로 몇 가지 챙기고 가방을 최대한 가볍게 하고 모든 여행일정도 심플하게 짠다.

그리고 리조트에서 쉴 것인지 아니면 주변을 관광할 것인지 여건에 맞게 방향을 정한다. 그에 맞는 휴가지와 숙소를 선택한다.

무거운 여행에서 가벼운 여행으로, 발길 닿는 대로 떠나는 여행이다.

소비여행은 나에게도 경제적인 측면이나 에너지적인 측면으로나 부담이 많이 되어 결코 가벼운 여행이 될 수 없었다. 소비여행이 아니라 가성비 좋고 효율적이며, 가벼운 마음의 여행이 진정한 여행이라고 생각한다.

한 달 살기를 실천하면서 여행을 대하는 나의 마음은 한결 가벼워졌다. 언제든지 떠날 수 있는 '마음 하나면 충분'하니까.

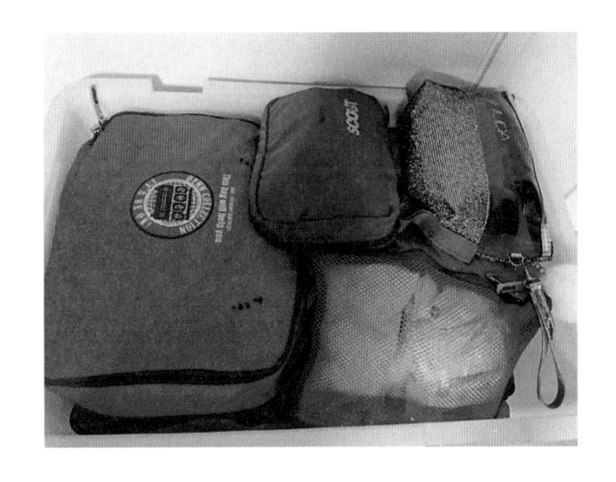

2장

한 달 살기 떠날 준비 체크포인트

여름휴가비(3박 비용) 정도면 한 달을 살 수 있다!

"한 달 살기를 하려면 돈이 너무 많이 들겠네요?"

한 달 살기에 관심이 많은 엄마들을 위해 지역 라디오 프로그램에 출연하여 상담하는 날이었다. 사람들이 가장 궁금해하는 건 역시 여행경비다. 무려 한 달을 여행지에서 생활한다면 비용이 어마어마하게 들지 않겠냐는 것이다. 나는 손사래를 친다.

"하하, 전혀 그렇지 않아요. 발품만 조금 팔면 여름휴가 3일치 금액으로 한 달간 얼마든지 살 수 있답니다."

"와, 정말요?"

남해 지역에서 한 달 산 적이 있었는데, 한 달 숙소를 60만 원에 얻었다. 그 해 여름휴가를 남해로 온 지인이 있었는데,

그 가족은 숙소를 잡는 데 하루 25만 원씩 3일에 75만 원이 들었다고 했다.

우리는 성수기 3일치 숙소가격으로 한 달을 얻게 된 것이다. 남해 숙소를 구할 때 더 저렴한 30만원의 원룸도 많아서 선택이 폭이 컸다. 가끔 부동산에서 월세 방을 얻어주기도 한다. 발품을 팔거나 정보를 잘 수집하다 보면 한 달 살기 방을 얼마든지 저렴하게 구할 수 있다.

숙소비용 외에 여행경비 역시 다를 바 없다. 실제 한 달 살기는 한 달 생활비라고 볼 수 있다. 한 달 생활비는 서울에 있는 내 집에서 한 달 생활비를 고스란히 가져와 사용하면 된다. 아이들은 방학하면 세 끼를 집에서 먹을 것이다. 방학이니 놀이공원, 아이스링크, 워터파크에 한두 번은 놀러 가야 한다.

여섯 번째 한 달 살기 – 남해에서 아침밥 해먹기

실제로 서울에서 방학 한 달을 보낼 때와 한 달 살기 여행을 온 것을 비교해 보면 서울생활이 훨씬 더 많은 비용이 든다. 그럼에도 한 달 살기 여행은 훨씬 더 많은 것을 우리에게 준다. 비슷한 비용에 가치가 훨씬 많은 셈이다.

어떨 때는 우리 집 앞마당이 바다다. 바다에서는 종일 놀아도 돈이 들지 않는다. 수영하기, 물고기 잡기, 스노우 쿨링 하기, 모래놀이……. 끝이 없이 공짜로 자연과 놀 수 있다. 숙소에서 간단한 도시락을 챙겨 나와 먹으면서 종일 논다.

한 달 살기는 소비의 자세도 짧은 여행과는 달라진다. 이왕 휴가 왔으니 '몇 만 원짜리 비치테이블을 한 번 빌려 편하게 지내자!', '이왕 왔으니 비싸도 좋은 데 가서 먹자!', '이왕이면 며칠이라도 좋은 숙소를 빌리자!'는 생각이 들지 않는다. 결국 성수기에 여름휴가를 즐기러 온 사람들과 한 달을 살러온 우리들과 비슷하게 경비가 든 것이다.

물론 해외로 한 달 살기를 떠나도 비용은 생각보다 많이 들지 않는다. 실제로 세부 여행의 경우 3박 5일을 다녀왔는데, 총 비용이 300백만 원이었다. 그런데 베트남에서 한 달 사는 동안 400만 원이 들었다.

베트남은 북부에서 남부로 길게 뻗은 종주 여행이라 교통비가 많이 들었음에도 비용이 그 정도였다.

그러나 세부 여행은 3박 5일을 다녀온 후 다시 서울에서 한 달 가까이 생활비를 또 사용하게 된 셈이니 따져보면 두 여행은 거의 같은 비용이라고 볼 수 있다. 가성비 측면에서 일반 관광여행은 한 달 살기 여행을 절대 이길 수 없다.

사실 해외경비는 항공권 금액이 가장 많이 차지한다. 항공권 왕복으로 한 달을 가나 3박 5일을 가나 똑같다. 좀 더 저렴한 날짜를 선택하면 금상첨화다. 물가가 저렴한 동남아 한 달 살기 여행은 가성비가 더없이 좋은 여행지라고 생각한다.

혼자 한 번 살아보세요. 자립 아빠

"여보, 나 아이들과 한 달 살기 가려고?"

"그게 뭔데?"

"한 달 동안 강원도에서 아주 사는 거지~"

"장난 쳐?"

"정말 가고 싶다고!"

"우리 차분히 이야기를 좀 해보자!"

처음 한 달 살기 여행을 떠나겠다고 말했을 때 남편은 납득할 수 없다는 표정이었다. 사실 남편은 캠핑도 좋아하고 가족여행을 가면 많은 일을 도맡아 하는 편이었다. 그러나 한 달 동안 아이들과 아내가 멀리 떨어져 산다는 게 그림이 잘 그려지지 않았을 터이다. 졸지에 남편은 혼자 한 달을 집에 살며 살림도 하고 출퇴근을 해야 한다. 물론 그것도 걱정이지만 우리 셋 걱정이 컸을 것이다.

하지만 집에서도 가족이 서로 볼 수 있는 시간은 많지 않았다. 남편의 경우 평일에는 새벽 출근에 밤늦게 오고, 주말에도 가끔 회사에 나가야 한다. 우리가 집에 있다고 달라지는 건 별로 없었다.

그렇다 해도 남편은 한 달 살기 여행을 쉽게 허락하지 않았다. 오랜 설득과 토론 끝에 타협점을 찾았다. 주말마다 아빠가 여행지에 오는 것으로 하여 결국 한 달 살기 여행을 떠날 수 있었다.

"여보세요! 우리 잘 도착했어"
"그래 다행이네."
"아이들 바꿔줄래?"
"아빠, 우리 잘 왔어."
"아빠, 우리 벌써 보고 싶지?"
"그~럼. 아빠가 주말에 꼭 갈게!"

떨어져 있으니 오히려 애틋했다. 우리는 매일 밤 통화를 하

여행의 맛을 본 남편, 남해에서

며 아빠를 그리워했다. 주말에 남편이 가족이 사는 곳으로 놀러오기도 했다. 함께 주변 여행을 다니다가 일요일 저녁에 남편을 터미널에 데려다 주었다.

겨울이지만 아이들과 매일 낚시도 다니고 눈밭을 뒹굴고 얼음 썰매를 타며 신나게 놀았다. 비가 오는 날이면 근처에 1,500원 하는 실내수영장으로 발길을 돌려 수영장에서 하루 종일 시간을 보내기도 했다.

그렇게 순식간에 시간은 흘러 한 달을 마감하고 다시 우리 집으로 돌아왔다. 돌아와서 우린 남편에게 물었다.

"우리 없으니 편하지? 징징대는 아이들, 잔소리하는 마누라가 없으니 어땠어?"

"어, 그게 반대는 했지만 조금 편한 맘도 있었어. 쉬는 날이면 아이들과 전쟁을 해야 하고 편안하게 하루 쉬었으면 하는 날도 많았거든. 근데 가고 나니 딱 3일만 좋더라!"

이상하게 집에 있을 때는 얼굴을 못 보고 출근을 해도 전화도 없었는데, 막상 강원도로 가니 매일같이 통화를 하며 더 많은 소통을 했다.

"그래도 시끌시끌하던 집안이 고요해지니 허전했어."

남편은 우리가 없을 때 가족의 소중함을 느낀 걸까? 우리에게 엄청 친절하게 대하기 시작했다. 물론 약발이 오래 가지는 않는다는 단점이 있긴 하지만 점점 나아지는 건 보인다.

"아빠가 김치찌개도 끓여 뒀어."
"우와~ 아빠 진짜 맛있어."
"우리 아빠 최고!"

남편은 우리가 먼 길 오는 동안 배고플까봐 김치찌개도 해 놓고 기다리고 있었다. 우리의 소중함을 알았는지 아이들에게 엄격했던 아빠가 어느덧 다정하게 통화를 하더니 집에 와서도 애틋하게 대했다. 아이들 아빠가 달라졌다.

그 이후로도 나는 아이들 방학이면 한 달 살기를 계속 이어 나갔다. 남편은 우리 아이들이 한 달 살고 오면서 변화되는 것을 곁에서 봐 오더니 3번째 한 달 살기부터는 직접 나서서 장소를 물색해 주는 등 열렬한 응원자가 됐다.

주말마다 우리가 있는 곳으로 주말 부부처럼 와서는 여행을 같이 했다. 가족들의 관계도 더욱 좋아졌고 아빠도 더 단단해졌다.

주말에도 느닷없이 회사로 출근하는 일중독 남편이 먼 여행지에서는 가족과 함께 여유와 행복을 즐길 수 있게 됐다. 여행을 해본 자만 아는 즐거움과 행복을 남편도 이제는 알게 된 것이다.

많은 엄마들이 그렇듯 나도 아빠의 소극적인 육아에 불만이 많았다. 그러나 아빠의 육아는 시간보다는 질이다.

15분이라도 짧고 굵게 놀아주는 게 아이에게는 훨씬 인상에 남는다.

이 때문에 한 달 살기를 하면서 오히려 소극적인 아빠의 육아가 짧은 주말을 활용한 적극적인 육아로 바뀌었다. 짧지만 강렬한 아빠의 육아는 엄마가 줄 수 없는 것을 줄 수 있어 반드시 필요하다.

EBS 육아멘토인 김영훈 박사는 『아이가 똑똑한 집 아빠부터 다르다』(베가북스)에서 "어린 시절 아빠와 함께 책을 읽고 여행을 하는 등 재미있고 가치 있는 시간을 많이 보낸 아이들이 그렇지 않은 경우보다 아이큐도 높고, 사회적인 신분 상승 능력도 더 큰 것으로 나타났다."고 설명한다.

그래서 요즘은 '아빠 효과'라는 말도 있다. 아빠가 육아에 적극 참여하는 아이의 인성과 두뇌발달에 좋다는 것이다.

실제로 우리의 한 달 살기는 아빠와 아이들의 관계에도 변화를 몰고 왔다. 소극적인 육아를 하던 아빠가 짧지만 굵게 적극적인 육아를 하니까 아이들과의 관계도 이전보다 훨씬 돈독해 졌기 때문이다.

다니던 학원들은 다 어떡하죠?

내 블로그나 라디오 방송을 통해 한 달 살기 여행을 소개하면 이런 질문을 참 많이 한다.

"학원은 어쩌고 가요? 학원 한 달 빼먹으면 공부가 많이 뒤처지진 않나요?"

아직 초등학교 저학년인 우리 아이들은 수영과 농구학원을 다니고 있다. 물론 요즘 대부분의 아이들은 가정학습지도 하고 수학이나 영어 학원을 다닐 것이다.

나도 주말에 첫째 아이가 농구를 하고 있어서 다른 스케줄을 잡기가 힘들 때가 있다. 한 달 살기 여행 경험이 많은 승호는 현재 농구선수가 되는 것이 꿈이기도 하다. 그래서 아들에게 이번에도 물어봤다.

"승호야! 농구학원에 다녀야 하는데 한 달 살기 여행 갈 수 있어?"

"당연히 가야지."

"농구학원에 못가잖아?"

"한 달 쉬고 다녀와서 열심히 하면 되지?"

첫째 아이는 한 달 살기 여행을 선택했다. 물론 승호가 한 달

두 번째 한 달 살기 – 제주도에서

살기의 경험이 없고 처음 가보는 것이라면 똑 같은 질문을 했을 때 다른 선택을 했을지는 모르겠다.

그러나 우리는 한 달 살기 여행에서 경험하는 것이 학원에서 배우는 것보다 더 가치 있다고 생각하기 때문에 학원 한 달 정도는 과감히 포기할 수 있다.

물론 그것을 경험하지 못한 엄마들은 불안할 수 있다. 그러나 나는 "삶에서 초등학생이나 중학생 때 한 달 정도 학원을 안 다녔다고 그게 무슨 큰 문제가 될까?"라고 생각한다.

차라리 그 한 달 동안 세상의 밖에 나가보는 경험을 하고 오는 것이 더 가치 있는 일이라고 믿는다.

아이들이 어릴 때 함께 여행을 떠나지 못한다면 나중에는 시간도 기회도 없다. 어릴 적에 아이와 여행을 다니지 않은 부모가 아이들이 좀 커서 가자고 하면 순순히 따라나설까? 그렇지 않을 것이다. 아직은 어리고 엄마 말을 들어주는 아이일 때 함께 여행을 다니는 것이 좋다고 생각한다.

부모와 어린 시절부터 유대관계가 잘 형성돼 있다면 커서도 함께 여행할 수 있을 것이다. '공부를 잘하는 아이' VS '삶을 주체적이고 독립적인 아이', 어떤 아이로 키우고 싶은가?

유아교육 전문가인 편해문 님은 『아이들은 놀기 위해 세상에 온다』(소나무)에서 "아이들에게 어른들은 너무 많은 것을 가르치려 한다. 아이들에게 지식을 앞세우는 가르침은 살아 움직이는 세계와의 만남을 가로막는 어두운 장막일 뿐이다."라고 말한다.

아이들은 자연에서 배운다. 그리고 아이들은 물, 불, 바람, 흙 속에서 해방감을 느껴야 한다. 그는 "집을 떠나 추위, 더위, 비바람을 맞서보아야 하고, 이런 것들 속에 아이들이 가장 만나고 싶고 놀고 싶어 하는 놀이가 가득 숨어 있다는 것을… 이렇게 잘 놀아본 아이라야 행복을 찾아 나설 힘도 있다."고 했다.

그건 어른도 마찬가지다. 정말로 한 달 살기를 하면서 아이들만 노는 것이 아니라 나도 함께 놀고 있음을 깨달았다. 언제나 "너희랑 놀아 주느라 너무 힘들었어."라고 했던 내가 어느 순간 신나게 아이들과 놀고 있었다.

나는 놀아주는 것이 아니라 내 머리의 스위치를 끄고 아이들과 함께 놀고 있었던 것이다.

아이들에게 매일 가는 학원을 끊으라고 할 수는 없다. 단지 방학 한 달만은 행복을 찾아 나설 힘을 키우는 여행을 대신해 보는 것도 괜찮다는 말이다.

♥

뇌에 스위치가 꺼지는 한 달 만들기

"숙소 한 달 예약을 할 수 있을까요?"

"네, 가능합니다."

여름방학 때 갈 한 달 살기 숙소를 예약할 때다. 여행일정은 앞으로 4개월이나 남아 있다. 숙소를 예약하고 나니 한결 마음이 가벼웠다. 바쁜 내 일상의 다람쥐 쳇바퀴가 도는 빡빡함에 위로가 된다. 예약 하나만으로도 같은 일상의 지루함을 달래줄 수 있다는 게 한 달 살기 여행의 참 매력이기도 하다.

아이들이 한 학기를 하루도 빼먹지 않고 학교에 다니듯이 나도 일을 하고, 그리고 아이들과 함께 다가올 방학을 기다린다. 아이들 방학은 이제 내 방학이다.

네 번째 한 달 살기 – 남해 금산에서

"엄마! 방 예약했어?"

"응~"

"그럼 이제 우리 몇 밤이나 남았어?"

"아직은 아주 많이 남았어. 120일 정도?"

나도 아이들도 여행을 떠날 기대감 때문에 일상을 조금 즐겁게 살 수 있게 됐다. 벌써 여행은 시작된 셈이다. 그렇게 시간이 흘러 한 달 살기 여행을 시작하게 되면 온전히 아이들과 나만의 시간을 가지게 된다. 여행은 '나 자신과 만남'의 시간이기도 하다.

"여행은 우리를 오직 현재에만 머물게 하고 일상의 근심과 후회, 미련으로부터 해방시킨다." 소설가 김영하 님이 『여행의 이유』(문학동네)에서 한 이야기다. 한 번 꺼진 스위치는 배터리 충전을 하고 나서야 새로 돌아가기 시작한다. 그것이 현재의 나를 순화시키는 내 삶의 방식이다.

한 달 살기를 가면 뇌에 스위치가 꺼진다. 일상의 근심과 후회, 미련에서 해방되기 때문이다. 재충전의 시간이다. 바쁘기만 했던 기기를 꺼놓고 다시 충전하듯 한 달 동안 내 몸과 맘의 스위치를 끄고 재충전한다. 아마 많은 사람들은 끈다는 것이 무엇인지를 알 게 되는 것만으로도 한 달 살기 여행의 묘한 매력에 빠지게 될 것이다.

아이들은 놀이가 밥이다

"무궁화 꽃이 피었습니다."

과거에 나는 우리 마을 골목골목 사이에서 이렇게 언제나 언니 오빠들과 섞여서 놀이를 하였다. '무궁화 꽃이 피었습니다'는 물론 숨바꼭질이나 술래잡기는 언제나 새롭고 재미있었다. 과거에는 몸을 쓰면서 놀면 그것이 곧 운동이었다. 요즘은 아이들의 놀 공간도 없고 환경도 주어지지 않아 아이들은 운동을 하러 학원엘 간다.

내가 어릴 적만 해도 동네에 나와 골목에서 줄넘기도 하고 고무줄놀이도 했는데, 요즘은 줄넘기 학원이 있을 정도다.

어릴 때 우리는 밖에서 뛰어놀며 창의성을 배우고 사회성도 배웠는데, 요즘은 건물 안의 실내공간의 태권도장이 그야말로 몸을 쓰는 유일한 공간이다.

놀이터가 있긴 하나 낮에 텅텅 비어 있다. 간혹 아이들이 놀이터에 와도 스마트 폰을 보면서 게임을 하는 친구들이 더 많다. 예전 아이들과 다르게 요즘은 돈 주고 운동을 배우는 세상이 됐다.

유아기와 아동기에 몸을 쓰면서 노는 것이 두뇌발달에도 좋고 그 어떤 교육보다 가장 필요하다는 건 이제 다 아는 사실이다. 그래서 나는 매번 한 달 살기를 하면서 아이들과 산에 가고, 바다도 가고, 들판을 누비며 몸을 충분히 사용하면서 논다.

어느 방학 때인가? 아이들이 에너지 발산을 못하고 집에서 방콕만 하고 있을 때였다. 아이들이 갑자기 방방 떠 있는 것이다. 속으로 생각했다 '이제 큰일이구나. 아이들이 크니 이렇게 방방 떠서 에너지를 주체하지 못하는구나.' 아니나 다를까? 사고가 났다.

"승희야~ 소파 위에서 점프하자."

"엉엉엉~ 넘어졌잖아."

"오빠 때문이야!"

"내가 뭐?"

"오빠가 뛰라 했잖아?"

"네가 조심히 뛰면 되지?"

개학을 하고 학교를 갔다. 아이들은 학교에 다니고는 다시 집에 오면 책을 보고 방방 떠 있지 않았다. 우리 아이들이 다니는 학교는 조그마한 대안학교인데, 그곳에서는 운동장을 뛰어다니고 들로 산으로 돌아다니며 기지도 만들고 몸을 쓰는 활동수업이 많다.

그러다 보니 집에 오면 방방 떠 있지 않는 것이다. 아이들은 에너지를 표출할 때 꼭 표출할 수 있어야 한다.

방학 때마다 한 달 살기를 시작한 것은 이런 생각도 많이 작용했다. 아이들은 새로운 곳에서 충분히 몸을 쓰고 바람과 햇볕을 마주하며 자연과 더불어 생활하는 것이 맞다고 믿었기 때문이다. 그래서일까? 가끔은 시골이나 바닷가에 사는 아이들이랑 함께 노는 걸 볼 때 깜짝 놀란다.

"야~ 잠깐만 나 점프하게."
"우와~ 한 바퀴 회전을 하면서 점프한 거야?"
"대단하다."

우리 아이들은 어떤 몸 쓰는 놀이라도 거침없다. '모래가 들어가서 못 놀아!' '저기 벌레가 싫어!' 라고 말하지 않는다. 자연을 자연 그대로 받아들여서 놀고, 온 자연을 몸으로 활용하면서 논다. 한 달 살기 자체가 아이들에겐 신체운동이고 바깥놀이다.

놀이연구소를 설립한, 세계적인 놀이 전문가이자 정신가 의사인 스튜어트 브라운 박사는 『플레이, 즐거움의 발견』 서문에서 놀이의 효과에 대해 다음과 같이 소개하고 있다

"사회성이 발달하고 창의력과 문제 해결력, 인지 능력 발달에 도움이 되는 등 놀이의 효과는 손으로 꼽을 수 없을 정

네 번째 한 달 살기– 남해 앞바다

도다."

많이 노는 아이들, 잘 노는 아이들은 신체적으로도 건강하고 심리적으로도 안정되고 행복하다는 것이다. 또 놀이 자체로 신체적 건강은 물론이고 심리적으로도 안정되고 행복하다. 그리고 놀이에 흠뻑 빠져본 경험이 없는 아이들이 더 많은 문제를 일으킨다. 전문가들은 분노와 우울, 학교부적응 등 아이들의 문제 행동들 상당수가 제대로 놀지 못한 데에서 기인하는 경우가 많다고 경고한다.

'아이들은 놀이가 밥이다'(편해문 저서 제목)라는 말이 있듯이 아이들에게 노는 것은 밥 먹는 것만큼이나 공부하는 것만큼이나 중요하다.

아이들은 놀면서 자란다. 각 계절에 맞춰 여름이면 땡볕에서도 땀을 뻘뻘 흘리며 놀고 추운겨울 손이 꽁꽁 볼이 꽁꽁 하면서도 논다. 잘 논다.

'추위를 이겨본 자! 더위를 이겨본 자!'만이 삶의 힘든 추위나 더위를 맞닥뜨릴 힘도 있을 것이다. 사실 요즘 아이들이 많이 다니는 학원 한 달 치만 모두 중지해도 한 달 살기 여행 방을 구할 수 있는 금액일 것이다.

꼭 여기만 가야 하나요?

"꼭 여기만 가야 하나요?"

"아니요."

"가신 곳 중에 어디가 가장 좋던가요?"

"가는 곳마다 색달랐어요."

한 달 살기 여행을 궁금해하시는 분들의 질문 중의 하나는 '어디로 가면 가장 좋냐'는 것이다.

지금까지 한 달 살기를 하면서 어디가 가장 좋았을까? 사실 그 어디라도 실망은 없었다. 특히 우리나라는 곳곳에 숨은 보석 같은 곳이 정말 많았다. 그리고 그곳에서의 경험은 모두가 색달랐다.

아직 우리가 가보지 못했지만 한 달 살기의 도시로 충분히 가능하고, 그곳에서 색다른 경험을 할 수 있는 곳이 많다고 생겼다.

늘 "여긴 괜찮을까?"라는 걱정을 하면서 그곳으로 향하지만, 언제나 오는 길엔 "여기도 색다른 경험이었다."고 느꼈다.

우리가 사는 지구는 참으로 넓고 아름다운 곳이다. 이곳에서 낯선 사람들과의 만남, 그들의 삶 속에 들어가 살아가는 경험은 나의 삶을 더욱 더 빛나게 만들어준다.

우리가 사는 곳에서 만나는 사람은 한정적일 수밖에 없다. 그러나 다양한 장소에서 살아본다면 만나는 사람들도 정말 다양해질 것이다. 한국의 곳곳이 그렇듯이 해외 곳곳이 그렇다.

나는 새로운 도시에서 가서 매번 다른 무언가를 배운다. 제주에서 돌고래의 삶을 배웠다면 남해에서 고요한 여유를 배웠고, 베트남에서 색다른 여러 나라 사람들을 만나면서 다양성을 배웠다.

양구에서 건강한 노인의 생활 노하우를 배웠고, 삼척에서 낚시법과 지리를 배웠다. 모든 한 달 살기 도시들이 나를 성장시켰다.

첫 번째 한 달 살기– 강원도에서

"우와~ 그집 아이들은 정말 좋겠어요!"

"왜요? 부모한테 여행을 배우니까요. 나는 이미 아이들이 다 커서 함께 여행할 수가 없어요. 이제 같이 안 다녀요."

"그래요?"

"부모한테 여행을 배워야 건강한 여행을 할 수 있죠."

얼마 전 나에게 어떤 분이 이런 말을 해주셨다. 술은 부모에게 배우라는 말이 있듯이 '여행도 부모에게 배우니 얼마나 건강할까?'라는 덕담이었다.

맞다. 부모와 함께 가는 여행은 어디라도 좋을 것이다. 그곳은 아이들이 부모의 삶을 배우게 되는 새로운 공간이기 때문이다.

한 달 살기 여행은 특히 그렇다. 그러니 어디라도 좋다. 여기 괜찮을까? 이곳이 최선일까? 그런 고민하지 말자. 아마 그곳에 가면 자연스레 그 마을의 문화를 경험하고 내가 얻는 깨달음이 반드시 있을 것이다.

그게 설령 안 좋은 경험이라 하더라도 그것마저 딛고 일어서는 힘이 생기기 마련이고, 또 하나의 경험을 얻었기에 나는 또 성장할 것이다.

지금까지 한 달 살기에 대한 워밍업을 마쳤다. 이제 한 달 살기 여행지로 떠나 볼 시간. 다음 장에 소개할 추천 여행지는 우리 가족이 가본 곳도 있고 앞으로 가려는 곳도 있다. 또 국내도 있고 해외도 있다. 가장 먼저 어느 여행지를 선택할지는 여러분들의 자유다.

다 같이 한 달 살기 여행지로 출발~

3장

누구나 떠날 수 있는 한 달 살기 '바로 여기'

강원도 양구, 전원생활을 즐기다!

강원도 양구는 한반도의 배꼽이라고 부를 만큼 지도의 정중앙에 있는 도시다. 동쪽에는 인제, 남쪽에는 춘천, 서쪽에는 화천과 철원이 가까이 있다.

주변에는 볼거리가 매우 풍부하다. DMZ 청정지역인 두타연과 예술의 혼이 있는 박수근 미술관이 있다. 을지전망대에서는 금강산과 해안분지 펀치볼을 볼 수 있다. 또 1990년에 발견된 제4땅굴도 한 번쯤 구경 가볼 장소다. 그 외 아주 많은 관광명소들이 양구지역에 자리하고 있다.

우리는 양구에서 첫 한 달 살기를 하며 양구 주위에 있는 춘천과 인제, 그리고 속초까지 드나들며 여행을 즐겼다. 특히 양구 주위에 다양한 박물관이 있는데, 생각보다 방문객이 많지 않아 오히려 충분히 여유롭게 즐길 수 있었던 것도 좋았다.

이곳 양구는 나의 로망이었던 전원생활의 최적지였다. 매일

전원생활의 꿈이 실현된 강원도 한 달 살기 숙소

아침 새소리에 눈을 떴다. 현관문을 열면 눈서리가 내려 온 동네와 산이 새하얗게 변해 내 눈과 귀를 호강시켜 주었다.

아이들은 마당에 있는 강아지들 밥을 주었다. 아침 일찍 일어난 아이들은 마당 양동이에 얼어 있는 얼음을 망치로 열심히 깨면서 놀았다. 숙소 어르신이 마당에 불이라도 피우면 "얼씨구나!" 하고 낙엽을 주워 불을 때는 데 동참했다.

첩첩산중이라는 말처럼 한적하고 아늑하고 한가로운 강원도의 높디높은 산은 내 마음의 안정을 찾게 해주었다. 높은 산과 강이 있고 조용한 동네가 있고, 이곳에서 나는 아무 생각을 하지 않아도 되는 여유가 있었다. 더 이상 아이들에게 "빨리빨리 해!"라는 잔소리를 하지 않아도 됐다.

겨울 양구에서 한 달 살기는 그야말로 맘 편한 힐링, 그 자체였다.

서울에 있는 수영장은 이용시간도 정해져 있는데 양구 수영장은 언제라도 가능했고, 시간 제약도 없었다.

비가 오거나 멀리 나가지 않는 날은 맘껏 수영장으로 향했다. 1,500원의 행복이랄까? 나중에 알아보니 지방 쪽은 대부분 그렇게 수영장을 운영하고 있었다.

굳이 화려한 스파를 가지 않아도 소소한 실내수영장에서 우리 아이들은 물 만난 고기들처럼 충분히 놀며 지냈다.

양구의 물가가 높지 않은 점도 좋았다. 들깨 칼국수집, 두부전골집은 서울과 비교하지 못할 만큼 가격이 저렴했지만 정말 맛있었다. 우리는 가끔 도시 손님이 집에 놀러오면 그날만큼은 외식을 하기도 했다.

바다도 멀지 않았다. 바닷가가 있는 속초도 차로 40분 거리다. 물반 고기반이라는 속초항에 와 현지 할머니, 할아버지들과 어울려 물고기 낚시도 자주 했다. 20분 거리였던 인제 자작나무 숲은 하얀 눈이 내려 마치 동화나라를 연상시키기도 했다.

인제에서는 시간만 나면 얼음썰매를 타고 스케이트를 탔다.

그렇게 양구는 나의 첫 한 달 살기를 성공시킨 가장 기억에 남는 도시였고, 나의 로망이던 전원생활의 꿈을 좀 더 일찍 실현해 볼 수 있던 여행지였다.

양구 5일장에서 장을 보고 소소하게 음식을 해먹고 지내던 한 달이 지나 서울로 돌아오니 가장 먼저 눈에 보이는 것이 도시거리에 즐비하게 늘어져 있는 음식점들이었다.

양구에서는 소비하지 않고도 잘 살았는데 도시는 눈만 뜨면 소비를 해야 할 것 같은 곳이었다. 양구는 이 소비도시를 떠나 언제든 다시 한 달 살기를 떠나도 좋은 내 마음의 1번 여행지다.

제주도, '한 달 살기' '세 달 살기' '일 년 살기' 가능

나의 두 번째 한 달 살기 장소는 제주도였다. 많은 사람들이 '한 달 살기'는 물론, '세 달 살기'나 '일 년 살기'를 위해 즐겨 찾는 곳이기도 하다.

제주는 우리나라 최고의 여행 명소답게 한라산을 중심으로 우거진 나무들과 광활한 초원이 펼쳐져 있다.

푸른 바다 사이에 우뚝 솟은 성산일출봉, 거목들이 가득한 비자림, 삼나무가 울창한 절물휴양림, 제주의 혼이 담긴 돌문화공원이 있는 곳. 여기에 빛깔과 분위기가 각기 다른 다양한 해변들이 우리 가족을 기다린다.

제주도는 한 달이 부족할 만큼 갈 곳이 많고 느낄 곳도 많다. 그래서 제주도에선 아이들 방학 6주 기간을 가장 알차게 가득 채우고야 서울로 돌아왔다.

제주엔 아이들이 좋아할 만한 이색적인 도서관이 많았다. 오전이면 아이들과 도서관에서 책도 보고 영화도 보고 도서관 앞마당에서 도시락을 까먹었다. 또 곳곳에 있는 국립박물관은 옛 제주의 공동체 문화도 알게 해 주었다. 오후에는 바다와 함께 보냈다. 바다에 한 번 도착하면 해가 지고 어둠이 밀려들 때까지 바다수영을 했다.

제주 해변은 하루가 부족할 만큼 매력덩어리다. 용천수가 흐르는 해수욕장은 수영과 샤워를 동시에 즐길 수 있었다.

제주에서는 매 여름마다 평화대행진을 한다. 제주도를 한 바퀴 행진을 하는 평화대행진에 아들이 참여하여 3일 동안 엄마 없이 다른 사람들과 체육관에서 자고 걸으며 평화의 노래를 불렀다.

사실 우리 아이가 다니는 대안학교는 제주학사가 있는데, 제주에서 만난 형님들과 행진을 하는 것이라 더욱 더 신나게 참여했던 거 같다.

제주에서는 어릴 적 보내던 시골의 정취와, 우리 아이들도 한 번 경험했으면 하는 자연을 참 많이 만날 수 있다. 제주 앞바다에서 물고기 떼를 만나고, 깜깜한 밤 반딧불이도 만나고, 항에서는 고등어도 엄청 많아 고등어구이도 원 없이 먹었다.

사람들은 나에게 여행이나 관광을 잘하고 왔냐고 묻곤 한다. 하지만 사실 우리는 한 달 간 이사를 가서 그냥 그곳에서 잘 생활한 것처럼 느낀다. 우리 집 앞이나 우리 동네를 둘러보고 때론 주변지역을 여행하며, 때론 마실을 나가듯 놀멍쉬멍 일상을 보내기 때문이다.

제주는 정말 갈 곳이 많았지만 우리는 마실 다니듯이 여유롭게 둘러보며 다녔다. 그래도 충분히 제주라는 마을 안에서 우리는 살고 있다는 것을 느낀 한 달이었다.

남들은 제주도에 가서 어딘가를 더 많이 가고 뭔가를 더 많이 보려 애쓰지만 우리는 그냥 제주의 자연과 함께 한 달을 보냈다.

비가 촉촉이 오는 날에는 오름을 오르고 바다에서 물놀이를 하다가 비를 만나도 서둘러 들어가지 않고 비를 맞으며 비 오는 바다를 즐겼다. 태풍이 오는 날에는 거기에 맞게 집에서 김치전을 부쳐 먹으며 숙소 마당에서 놀았다.

주말 남편이 온 날은 아침에 일찍 일어나 백록담에 오르기도 했다. 친구네가 놀러 와서 한라산 영실코스를 함께 다녀오기도 했다.

제주도는 '크록스 신발' 같은 곳이다. 크록스 같은 가벼운 슬리퍼를 신고 우리는 제주 동네 이곳저곳을 가볍게 거닐고 바다를 가볍고 거닐고 산도 가볍게 거닐었다. 그렇게 제주도에서 우리는 마음도 가볍게 늘 걸었다.

강원도 삼척, 추운 겨울이 따뜻하네!

강원도 삼척은 동해와 태백, 경상도 울진을 인접하고 있다. 태백산맥과 동해의 영향으로 온난다습한 기후가 특징. 이 때문에 다른 지역에 비해 겨울철에는 따뜻하고 여름철에는 시원하다.

삼척에서 한 달 살기를 지내면서 가장 놀라웠던 것은 바로 기후였다. 추운 겨울 강원도 지역이 서울보다 오히려 따뜻하다는 것에 놀랐고, 겨울 한 달 동안 눈 구경 한 번 못했다. 서울에서라면 칼바람이 매서울 때인데 태백산이 둘러싸인 동네는 따뜻했다.

삼척은 동양의 나폴리라고 불리는 바다빛깔이 맑은 장호항이 있고, 남한에서 가장 크고 복잡한 구조의 천연기념물 환선굴도 있다, 왕의 사유공간이었던 죽서루도 볼 만하고, 독도가 우리 땅이라고 알려주는 이사부사자공원도 정겹다. 삼척의 해안로와 해변가는 말할 것도 없이 아름다운 자태를 뽐내고 있다.

산과 바다가 어우러져서 차를 타고 나가면 매일 드라이브 코스 같은 곳. 서쪽 태백으로 달려가면 추위와 눈을 체험할 수 있었다.

삼척에서는 눈 구경을 한 번도 못했지만 그 덕에 추운 겨울에도 따뜻한 햇살을 받으며 해안가에서 모래를 파며 하루 종일 놀 수 있었다.

밤에는 숙소에서 5분 거리의 속초항에 나가 놀았다. 통발을 설치하고 다음날 아침 일찍 일어나서 통발을 걷는 어부생활을 해 보았는데, 통발을 설치한 첫날 우리는 엄청 큰 장어를 잡기도 했다. 직접 잡은 장어로 구이도 해먹었다.

넉살 좋은 초3 아들은 삼척항에서 오래 만난 삼촌들 대하듯 사람들과 대화한다. 아저씨들에게 낚시를 배워서 엄청 큰 물고기들을 잡아오기도 했다. 고기는 잘 손질하여 냉동실에 보관하였다가 소금만 쳐서 구워먹는 일상을 보내기도 했다. 그렇게 어촌생활을 하다가 가까운 태백으로 넘어가기도 했다.

태백에서는 눈꽃 축제가 한창이었다. 그곳에서 이글루와 눈 축제를 관람했고, 태백산 초입의 눈썰매장에서는 줄을 서지 않고 눈썰매를 맘껏 즐길 수 있었다.

남편이 온 주말에는 눈 덮인 태백산 정상에 아이젠을 끼고 장군봉까지 올라보았다. 우리 가족은 남들이 버린 비닐을 활용해 미끄럼을 타고 태백산을 내려오며 눈 산을 만끽하기도 했다.

좀 더 여유로운 어느 날은 동해로, 강릉으로 넘어가서 어두운 밤 해변을 거닐기도 했다. 삼척의 겨울은 그냥 겨울이 아니라 '겨울왕국'이었다.

남해, 자연 그대로 소박한 매력

동쪽으로는 통영, 서쪽으로는 광양과 여수, 북쪽으로는 사촌, 하동이 있는 남해. 소백산맥 줄기가 남해안까지 뻗어 나가다가 바다면을 따라 산이 아우러진 남해는 보물 보따리다.

남해는 독일거주 교포들의 삶의 터전인, 전망 좋은 뉴독일마을이 있다, 유네스코에 등록될 만큼 병풍을 친 듯 빙 둘러 싸인 바위의 절경이 아름다운 상주은모래해변과 비단을 펼쳐 놓은 듯 아름다운 금산, 곳곳에 쪽빛바다, 서핑의 명소 송정솔바람해변과 68개의 작은 섬들로 구성된 바다마을. 하나하나가 독특한 아름다움이 어우러진 남해는 한 폭의 그림 같은 곳이다.

나는 남해가 상업적이지 않고 자연 그대로 남아 있는 소박한 매력이 있어서 참 좋았다. 나는 남해를 그냥 남쪽해변의 줄임말이려니 생각했는데 행정구역 상의 도시명이었다. 바로 경상남도 남해군이었다.

남쪽 끝에 있어 여름에는 땡볕에 숨도 쉬지 못할 만큼 덥고 습할 것이라고 생각했던 것과 달리 막상 한 달 살기를 해 보니 바다면의 산들이 많은 덕분에 해가 지면 시원한 바람도 솔솔 불어오는 산 좋고 물 맑은 시골 어촌 마을이었다. 생각보다 습하지도 않았고 엄청 덥지도 않았다. 체감온도 역시 남해가 서

두 번째 한 달 살기 – 제주도에서

울보다 훨씬 더 낮았다. 남해는 어릴 적 내가 시골에서 살 때의 시원한 산과 들의 기운을 유지하고 있었다.

주말마다 신랑이 서울에서 오고 지인들도 남해로 놀러오면 깜짝 놀라며 한마디씩 한다. "서울보다 더 더울 거라 생각했는데 너무 시원하다."

저녁에는 마당에서 맥주 한잔을 하며 시원한 밤바람을 즐겼다.

남해바다 해변가는 얕고 물도 따뜻하다. 아이들이 놀기에 안성맞춤이었다. 한 번은 해수욕장에서 팔뚝만한 물고기 떼와 함께 수영을 즐긴 적도 있다. 수영하다 보면 멸치 떼를 자주 만나는 것만으로도 이곳이 정말 청정지역이라는 걸 알 수 있다.

요즘 유명 관광지는 대부분 상업화돼 있지만 남해는 아직 자연스럽고 소박하다. 마을마다 아기자기한 한 폭의 자연그림을 닮았다. 뒤에 여러 번 이야기하겠지만 이곳 남해에는 소소히 놀거리가 굉장히 많다. 원시시대의 돌을 둥글게 둘러 쌓아둔 석방렴은 물이 빠지면 물고기가 잡히는 구조로 돼 있다. 그곳에서 새우를 잡아 새우라면을 끓여먹고 해삼을 잡아 초장에 찍어 먹었다.

이곳에서 우리는 셋이 뭉치면 못하는 게 없는 가족이었다. 주운 그물로 물고기를 뚝딱 잡을 수 있기 때문이다. 나와 둘째

랑 물고기를 몰면 아들은 물고기를 잡는다.

인생에서 혼자 서려면 서핑을 하라는 말이 있듯이, 우리는 남해에서 서핑에 도전하기도 했다. 그 어떤 파도에도 혼자 설 수 있는 힘을 만들어주는 서핑은 우리에게 정말 뜻밖의 경험이었다.

남해서핑스쿨 선생님은 우리 아이들이 정말 좋아하는 인심 좋은 분이셨다. 우리는 종종 여길 찾았는데, 선생님을 아빠처럼 따르는 아들이 기특하다며 정말 친한 사이가 됐다.

마침 경상남도 교육청 지원사업인 바다마을학교가 있어서 우리 아이들은 서핑, 카누, 물고기 잡기 등 여러 가지 무료체험에 참여하는 기회도 얻을 수 있었다.

남해는 도시에서 멀다는 이유로 관광객이 적은 도시 중에 하나지만, 한 번 와 보았던 사람들이 반드시 다시 찾는 곳이다.

소박한 어촌 마을의 소소하고 확실한 행복이 있는 곳, 내가 힘들고 지친 날 머물고 싶은 곳, 남해는 보석이 무진장 숨어 있는 곳이다. 남해에서의 한 달 살기는 도시의 지친 일상을 잊어버리게 해 준 마법 같은 나날이었다.

고성, 바다와 강이 함께 있는 곳!

강원도 고성은 속초 바로 옆에 있는 마을이다. 속초는 누구나 한 번쯤은 가 봤을 정도로 잘 알려진 여행지이다. 속초시장도 유명하고 속초항도 유명하니, 나도 일반 여행으로 가장 많이 가본 곳 중에 한 곳이 속초이다. 그러다 우연히 그 옆 동네인 고성에도 가보게 되었다. 바로 이곳이다.

고성을 숙박지로 잡고 짧은 여행을 자주 오게 됐다. 이곳은 속초를 자주 오가기 딱 좋은 지역이었다. 특히 고성은 바다와 강이 함께 어우러져 참으로 아름다웠다. 강과 바다가 함께 양쪽으로 바라볼 수 있는 자연경관은 눈뿐만 아니라 머릿속까지 깨끗하게 정화시켜 주는 느낌이랄까?

첩첩산중이라는 말이 그냥 나온 말이 아닌 듯, 강원도 산은 고성에서 그 유명한 설악산이 되어 절경을 이루고 있다.

고성의 겨울산은 눈꽃 산이고, 여름은 초록나무가 무성한 싱그러운 산이다. 조용한 고성에 살면서 속초 시내도 자주 나갔다. 속초에는 큰 박물관이 제법 많아 아이들과 학습투어를 하기에도 좋았다.

가장 기억에 남는 추억도 있다. 속초에는 산악박물관이 있다. 그곳에는 무료로 클라이밍 체험이 가능한데 이전에 왔을 때는 승희 키가 120cm가 안 되어 늘 오빠가 하는 것만 바라보아야 했다.

"승희 키가 드디어 120cm 넘겼어."
"정말! 대단하다."
"이제 같이 클라이밍 하러 가자."

이제 온 가족이 클라이밍을 할 수 있게 된 것이다. 서울에서는 클라이밍을 하려면 돈도 많이 들고 대기시간도 아주 길다. 그런데 이곳은 공짜에다 한가하다. 예약을 하고 가면 더 편리하다. 물론 다른 체험거리도 제법 많다.

속초항은 우리에게 처음으로 낚시의 참 맛을 알게 해준 곳이다.

속초항은 한마디로 고기가 넘치는 곳이다. 그러니 아이들도 쉽게 낚시로 고기를 잡을 수 있고 재미를 느낄 수 있게 해 준다. 우리는 매번 낚시를 갈 때마다 최소 물고기 50마리는 잡는 것 같다.

고성에 있는 아야진 해변은 찰박찰박 물에 들어가면 조개도 많이 잡힌다. 조개를 잡아서 칼국수도 해 먹었던 곳. 고성, 이름만으로도 참으로 아름답고 깨끗한 곳.

지금까지 단기여행으로만 가 보았는데, 앞으로 한 달 살기 여행을 반드시 갈 곳이 바로 이곳 고성이다.

베트남, 가성비 갑, 또 가고 싶다!

베트남은 한 달 살기의 새로운 도전이었다. 말도 안 통하는 다른 나라에서 한 달을 잘 살 수 있을까? 해외이다 보니 언어문제나 치안문제를 고려해야 했다. 그만큼 많은 긴장감과 설렘이 교차했다.

베트남의 정식 이름은 '베트남 사회주의공화국'이다. 베트남은 인도차이나 반도를 길게 남북으로 뻗어 있는 나라다. 우리 가족은 한 달 살기 여행지로 해외 베트남을 정한 후 지리적으로 길게 뻗은 지도를 보며 여러 도시를 경험하고 싶은 욕심이 생겼다.

그래서 베트남 한 달 살기 여행은 한 도시에 머무는 것이 아니라 한 달간 북부에서 중남부까지 배낭여행을 하는 형식으로 진행했다.

한 달 살기를 준비하면서 아이들과 많이 상의했다. 한 달간 한 도시에 머물 것인지, 아니면 여러 도시를 여행할 것인지를 결정하는 것이 가장 중요했다.

우리가 내린 결론은 여러 도시를 관광하면서 마지막 한 곳은 열흘 가량 머물며 휴양을 하는 것이었다. 한 달을 해외에서 생활할 생각을 하니 모든 면에서 최대한 비용을 줄이기로 마음먹었다. 비자도 업체에 맡기지 않고 내가 직접 신청했다. 한

다섯 번째 한 달 살기 – 베트남에서

달 비자발급이 첫 번째 관문이었다. 영어를 1도 모르는 나에게 어려운 숙제였다. 그렇게 서서히 하나씩 베트남 한 달 살기를 준비해 나갔다.

베트남은 15일까지가 무비자이다. 그 후 3개월까지 관광비자를 신청할 수 있었다. 베트남은 물가가 저렴한 편이다. 물 한 병에 210원, 국수 한 그릇에 로컬은 1,000원, 고급식당은 3,000원 정도 한다. 바게트가 참 고소했고 롤스프링 베트남 국수가 정말 맛있었다. 택시처럼 이용하는 그랩은 아주 저렴해서 이동수단도 편리하다.

또한 오랜 시간 프랑스의 식민지였기 때문에 동남아 나라임에도 불구하고 유럽에 있는 것처럼 아름다운 건축물을 감상할 수 있었다. 핑크색 성당, 민트색 성당들이 곳곳에 있어 독특하고 아름다운 건축양식을 보여주었다.

유럽이나 서양처럼 인종차별이 있지도 않고 사람들은 순수한 편이다. 사회주의국가다 보니 강력범죄가 별로 없는 베트남은 소소한 택시 사기와 호객행위는 잦은 편이다. 하지만 익숙해지면 그것도 조금만 조심하면 비켜 갈 수 있다. 간단한 영어조차도 구사하지 않는 베트남 사람들이지만 우리는 손과 발이 있으니 의사소통은 전혀 무리가 없다. 해외에서 한 달 살기를 한다니까 가끔 이렇게 묻는 이들이 있다.

"영어 잘하세요?"
"아니요. 그냥 Yes, No만 하면 되지요."

의사표현은 예스나 노 정도로도 충분히 가능하다. 나는 중학교 영어조차도 다 잊어버리고 "마이 네임 이즈 현미 류"라는 말만 할 줄 아는 정도지만, 한 달간 무리 없이 잘 지낼 수 있었다. 숙소비용은 3만 정도면 제법 깨끗한 방을 얻을 수 있었다. 조식까지 해결이 되니 정말 가성비를 고려한 여행으로 베트남은 아주 좋은 곳이다.

베트남은 도시마다 분위기가 많이 달라서 배낭여행으로 한 달을 돌아다니는 것이 굉장히 만족스러웠다. 한 도시에 평균 5일 정도 있었고, 가장 휴식을 취하고 싶은 도시에 열흘 가량 있으면서 휴가다운 휴가를 보내고 돌아왔다.

20일 가량의 배낭여행과 10일 정도의 휴양을 즐기며 만족스런 한 달을 보내는 동안 언어가 안 되어 답답할 때도 있었지만 반대로 편할 때도 많았다.

풀장에 놀러갔을 때는 여러 나라 국적을 가진 사람들이 수영을 즐겼다. 승희는 하루 종일 러시아 동생 '로이'와 신나게 놀았다. 피부색이 다르고 눈동자색이 달라도 함께 할 수 있음을 깨달았다.

세상 밖으로 나와 보니 또 많은 것이 보였다. 한국이라는 나라의 서울이라는 도시에 사는 나의 모습이, 이 지구 안의 많은 사람들의 문화를 탐방하고 그들의 삶 속에 들어가 보니 객관적으로 보였다.

베트남 한 달 여행을 되돌아보면 도전과 모험의 시간이었다. 어린왕자처럼 적막한 작은 사막도 경험하고, 이름 모를 열대과일을 맘껏 먹어보고, 아무도 나를 알지 못하는 곳에서 나를 만난 시간이었다.

'세상은 참으로 넓구나. 앞으로 헤쳐 나가는 일에 두려움의 껍질을 한꺼풀 벗길 수 있겠구나.' 너무나 당연한 생각을 다시 한 번 일깨워 준 곳. 해외 한 달 살기 여행지 1순위를 꼽으라면 역시 베트남이다.

사이판, 아이들 국제학교에 한 달 보낼 수 있다!

사이판은 아이들 어릴 적에 3박 5일로 단기여행을 다녀왔던 곳이다. 동남아 중에서 참으로 깨끗한 환경을 가진 나라여서 다음에 꼭 한 달 살기를 해 보고 싶은 지역이다.

사이판은 한 달 살기에 장점이 하나 있는데, 그것은 한 달 동안 국제학교에 아이들을 보낼 수 있다는 점이다.

사이판 여행에서 몇 가지 좋았던 기억이 있는데, 리조트를 이용하지 않아도 리조트를 지나 바다를 이용할 수 있다는 점도 빼놓을 수 없다. 또 마하가나 섬도 기억에 많이 남는다. 내가 가본 섬 중에서도 최고로 꼽을 수 있다. 모래가 콩고물처럼 고아서 손으로 주먹을 쥐면 송편이 바로 빚어질 것만 같았다. 딸은 모래놀이 만으로도 종일 놀 수 있었다.

이곳 섬은 스노우쿨링 장비를 가지고 아침에 들어가서 저녁에 나오고, 섬에서 나오면 여러 색의 버스들이 리조트나 시내로 데려다 준다.

사이판은 한국 여행자들에게 편리한 점이 많다. 우리가 갔을 때 마하가나 섬에서 재미있는 에피소드도 있었다.

내가 남편에게 이렇게 물었다.

"이 섬에서 나가려면 마지막 배를 타고 가야 하는데, 나가서 버스를 타는 방법을 어떻게 물어보지?"

걱정스레 물으니 남편이 이렇게 대답했다.

"걱정 마! 우리처럼 영어 못하는 사람들 여기 아주 많을 거야! 그리고 한국 사람도 간간히 보이니까 걱정 말고 일단 놀자!"

"그래~"

한참 후 놀라운 일이 벌어졌다.

"시내로 가실 분은 잠시 후 빨간 버스로 타세요."

"00리조트 가실 분은 노란버스를 타세요."

안내방송이 흘러나왔다. 한국말로! 혹시나 언어가 되지 않아 리조트에 못 찾아갈까봐 걱정했던 우리의 불안한 맘을 단번에 없애주는, 한국말로 하는 방송 안내 멘트에 깜짝 놀랐다.

사이판에서도 우리 가족과 친해진 리조트 직원이 있었다. 엄마아빠가 한국 사람인데 사이판에서 태어나서 가끔 한국에 가면 잘 곳이 없다는 청년과 서로 연락처를 주고받기도 했다.

사이판의 경우 물가는 싸지 않지만 워낙에 우리나라 물가가

비싸다 보니 물가는 보통 수준이라고 할 수 있다. 아파트에서 숙소를 잡고 집에서 밥을 소소하게 해 먹는 걸 좋아한다면 사이판도 큰 비용이 들 것 같지 않다. 거리는 깨끗하고 주변 환경이 좋다. 지저분한 것을 정말 싫어하는 사람이라면 다소 저렴한 물가를 포기하고 사이판 한 달 살기를 추천한다.

나도 사이판에 있는 아파트를 얻어서 한 달 살기를 꼭 해보고 싶었다. 그래서 처음으로 해외에서 한 달을 산다면 꼭 사이판을 가려 했다. 원래 사이판을 첫 번째 해외 한 달 살기 여행지로 선택했지만, 당시 사이판에 태풍이 심해서 베트남으로 떠났다. 그렇게 사이판은 언젠가 가야 할 한 달 살기 해외 여행지로 남겨둔 곳이다.

세부, 바다 속이 아름다운 여행지

세부는 조리원 모임에서 아이들과 다 같이 패키지여행으로 간 곳이다. 워낙 필리핀의 안전문제 이야기가 많이 나오던 터라 가이드가 농담반 진담반으로 이렇게 말했다.

"외국 사람 무서워서 어떻게 나가요?"라는 질문을 많이 받는데, "한국 사람이나 조심하세요!"라고 말해 준다는 것이다. 그 말은 정말이었다. 우리 여행팀은 도착과 동시에 첫날부터 한국 사람한테 1인당 90불씩 총 100만 원을 눈뜨고 코가 베이는 사건을 겪어야 했다.

세부는 편리한 점이 있다. 모든 식당이나 마사지 샵 등에서 드랍(drop) 서비스를 해준다. 차량으로 우리를 데리러 오고 데려다 준다. 그리고 해외에서 자주 쓰는 그랩(차량호출)이 되기 때문에 이동에 대한 불편은 크지 않다. 식당을 예약하면 차량이 우리를 데리러 온다.

언어소통도 별로 어렵지 않다. 한국 사람이 많이 보이고, 한국 사람들이 장사를 정말 많이 한다. 영어가 되지 않아도 문제가 없는 것이, 이곳 주민들도 한국말을 너무 잘한다.

한국 사람이 사장인 경우가 많아서 그렇기도 하고, 한국 관광객이 워낙 많아서 그렇기도 하단다. 종업원들은 한국 닉네임을 가지고 있을 정도로 한국말을 잘했다.

바다 속이 아름다운 세부

세부의 또 다른 장점은 인건비가 정말 저렴하다는 것. 한 달 살기를 하러 간 사람들이 아이들 케어를 위해 한 달 동안 집안일을 도와주는 '메이드(maid)'를 부탁하는 경우가 많다고 한다.

메이드는 한 달에 10만원이면 충분하기 때문에 생활에 큰 도움이 될 뿐만 아니라 메이드와 함께 지내다 보면 영어가 그냥 늘 것 같았다.

메이드는 필리핀 현지인이다 보니 우리가 다니는 어디라도 동행하고 안전문제 없이 잘 다닐 수 있었다. 물론 나는 메이드를 고용하지 않고도 충분히 생활이 가능하다고 본다. 실제로 우리가 간 막탄의 시골 마을에서 필리핀 사람들은 굉장히 친절했다. 내가 며칠 일을 다니는데도 전혀 불편함이 없을 정도였다.

세부의 바다는 보호구역으로 잘 보호해서 깨끗할 뿐만 아니라 열대어들이 춤추는, 그야말로 천국이 따로 없었다. 날씨가 정말 좋았고, 인건비가 저렴했다. 사람들은 어딜 가든 친절하고 서비스도 좋았다.

세부 막탄에서 슬리퍼를 신고 농구를 하는 아이들을 보고 우리 아들이 뛰어가서 농구구경을 하는 모습에, 이곳에서 할 달 살기를 해 보고 싶은 욕심이 났다. 아니 한 달 살기뿐만 아니라 세달 살기, 6개월 살기를 하고 싶은 곳이기도 하다.

바다 색을 보려면 보라카이로, 바다 속을 보려면 세부로 가란 말이 있다. 해양스포츠와 호핑투어의 도시라고 할 만큼 세부는 바다 속이 아름다운 곳이다. 깨끗한 하늘과 바다 속 산호들까지도 반하게 하는 세부는 한국에서 미세먼지가 걱정될 때마다 늘 나를 유혹한다.

헤매고 헤맨 유럽 한 달 살기

유럽 한 달 살기 일정은 40일 정도의 여정이었다. 폴란드 브로츠와프에서 한 달 남짓 지냈으며, 옆 나라 독일, 체코, 오스트리아를 여행하였다. 폴란드는 북동쪽으로는 러시아, 동쪽으로는 우크라이나, 남쪽으로는 체코, 서쪽으로는 독일을 국경으로 접하고 있어서, 브로츠와프에서 한 달을 지내는 동안 주변국을 돌아볼 수 있는 기회까지 얻었다. 폴란드는 유럽인데도 불구하고 물가가 우리나라보다도 저렴하다. 그래서 가성비 좋은 유럽여행지로 동유럽을 많이 찾는다.

폴란드에서 세 번째로 큰 도시인 브로츠와프는 참으로 매력적인 도시였다. 늘 차가 우선인 우리나라와 다르게, 신호등이 없는 횡단보도에서도 차는 우선 멈춰 섰다. 그리고 어느 곳이든 아이들이 쉴만한 공간들이 조그맣게 라도 있었다. 큰 쇼핑

몰은 물론 작은 햄버거 집, 작은 옷 가게마저도 아이들의 공간이 있었다.

게다가 단돈(?) 만 원으로 오페라 공연을 즐기며 훌륭한 경험을 할 수 있었다. 늘 변화와 발전만을 추구하는 우리나라와 다르게 옛것을 보존하는 그들의 모습에 감동을 받을 때도 많았다.

구시가지 광장에는 음악을 켜는 예술인들이 많아서 광장을 더욱 빛내주었다. 하지만 우리나라 공중화장실의 소중함을 느끼는 시간이기도 했다. 유럽 도시들이 으레 그렇듯, 여기도 유료화장실이 많았던 것이다.

유럽은 높은 항공료로 인해 망설여지는 여행지이다. 하지만 우리는 평균 70만 원대의 왕복권이 아깝지 않았다. 왜냐하면 버스나 기차를 타고 쉽게 국경을 넘어 주변 나라까지 여행할 수 있었기 때문이다. 우리는 국경을 넘는 여행 중에 한 번도 여권 검사를 한 적이 없었다. 나에게는 문화충격이었다.

그리고 나는 유럽여행을 준비하는 과정에서 새로운 나를 발견하였다. 평상시에 잘 하지 않던 네일아트도 하고 외적으로 나를 꾸미고 있었던 것이다. 지금 생각하면 우습지만, 인종차별에 대한 염려로 나는 나를 괴롭히고 있었던 것이다.

그렇게 폴란드에 도착한 나는 입이 쩍 벌어졌다. 나보다 키

일곱 번째 한 달 살기 – 폴란드 브로츠와프의 오페라 공연

가 크고 날씬한 몸에 작은 얼굴, 뚜렷한 이목구미를 가진 그들이 익숙하지 않았다. 그 사람들 속에 이방인으로 들어가 있는 느낌이 들었다. 아이 둘을 데리고 다니는 키 작은, 피부색도 다르고 눈동자색도 다른 아시아 아줌마라는 생각에 어깨가 처지기도 했다.

하지만 여행 도중에 그들에게 많은 도움을 받게 되었다. 또한 많은 분들이 친절히 대해 주었다. 아이 둘을 데리고 다니는 나를 위해 웃음 지어 주는 분들이 많았다. 이내 내 안에 갇힌 나에서 벗어날 수 있었다. 한 민족은 아니지만 우리는 다 같은 인류이라는 것을 느꼈다. 어느새 그곳에서도 편안한 일상을 보내게 되었다.

마트에서 물가는 우리나라보다 훨씬 저렴했다. 농업국가인 폴란드는 야채와 과일이 저렴하고 고기 또한 저렴했다. 그리고 이동수단으로 택시는 거의 타지 않았다. 타국에서 교통비만 아껴도 한 달 생활에 큰 도움이 되기 때문이다. 트램과 버스를 타는 스마트폰 어플도 잘 되어 있었다. 우리나라랑 도로 상황도 비슷해서 이동하는 데 어려움도 크게 없었다.

한 달을 살면서 길에서 헤매고, 무임승차도 하게 되고, 주문한 음식이 안 나오기도 했다. 하지만 많이 헤맨 시간만큼 우리는 정말 많이 배웠다.

아이들과 함께 즐기는 오페라에서, 함께 놀 수 있는 워터파크와 어른들의 공간인 혼탕 사우나에서, 어린 아이와 어른이 함께 뛰어노는 트림폴린이 엄청 넓은 놀이터에서, 그리고 유럽의 송년파티에서, 나는 '영화 속의 한 장면에 내가 들어가 있나'라는 생각이 들만큼 새로운 문화에 잘 젖어 들어 살고 있었다. 어느새 나는 그들과 볼 뽀뽀를 하며 다정하게 지냈고, 한 달이 꿈만 같이 흘러갔다.

우리가 화장실 앞에서 동전이 없어서 어쩔 줄 몰라 할 때 다가와 준 유럽의 멋진 할아버지 할머니께서 갖고 있던 동전을 탈탈 털어 나에게 건네주시던 기억을 하며 이제는 한바탕 웃음을 짓는다.

레스토랑에서 치킨을 주문했는데 치킨 맛 피자가 나왔을 때도 우리 셋은 한참을 웃었다. 하지만 그렇게 잘못 주문한 치킨 맛 피자가 유럽의 40일 여행 중에 가장 맛있는 메뉴였다는 사실을 지금도 승남매와 함께 이야기하며 깔깔 웃는다.

좌충우돌의 유럽 한 달 살기!

전혀 낯선 문화에도 잘 적응하는 나를 발견한 시간이기도 했고, 또 다른 도전의 튼튼한 씨앗을 품고 온 시간이도 했다.

4장
모험이 기다리는 한 달 살기
좌충우돌기

시간이 없다면 일주일 살기는 어떨까?

여행은 같은 일상의 지루함에서 깨어나게 해준다. 잠시나마 일상에서 벗어나 심신의 안정을 주는 시간이다. 우리의 여행은 1박 2일, 2박 3일, 일주일, 그 후 한 달로 늘어났다. 그러다가 '일 년 동안 세계일주를 떠나는 날도 올 수 있겠지?'라는 상상도 해본다.

한 달 살기 여행이 쉬운 건 결코 아니다. 한 달을 내 집이 아닌 다른 곳에서 살아야 한다는 건 어쩌면 두려운 일이다. 그리고 한 달의 시간을 만들기 어려운 가족도 많다.

그동안 망설이고 있었다면 먼저 딱 일주일 여행을 해보라고 권하고 싶다. 휴가를 받아 앞뒤로 주말을 붙이면 일주일이나 9일까지 일정을 잡을 수 있다.

비록 일주일 여행이라도 현지에 그냥 살아보겠다는 생각만 바꾸면 된다. 그렇게 떠난 사람들 중에는 실제 여행을 대하는 마음가짐과 태도가 달라졌다고 말하는 분들이 많다. 나 역시 일주일 여행을 다녀온 후 생각이 달라졌고, 한 달 살기로 발전시킬 수 있는 힘을 얻었다.

짧은 여행이라면 유명 관광지를 돌아보려는 욕심이 먼저 생긴다. 여행에서 여유를 찾기가 어렵다. 내가 예전에 단기여행으로 거제도에 갔을 때의 일이다.

"승호야! 이제 가자! 여기 바람의 언덕이 유명하데!"

"엄마, 나 여기 더 있고 싶어! 돌멩이로 탑 쌓기가 너무 재미있는데."

"그렇지만 오늘 여기 유명한 곳들 다 돌아보려면 지금 일어나야 해!"

"여기도 좋은데."

"얼른 주차장으로 차 타러 가자!"

"승호야! 우리 여기 멋진데 다 둘러보려고 5시간이나 차를 타고 왔어!"

"얼른 일어나 움직이자."

아이들은 몽돌해변에서 돌멩이로 탑도 쌓고 바다에 물수제비도 던지고 신이 나 있는데, 나는 계속 다른 데로 가자고 재촉만 해댔다. 다른 장소로 빨리 빨리 이동하는 게 여행의 가장 큰 목적이었기 때문이다. 그때 나는 거제도의 유명한 곳은 모조리 둘러봐야 멀리 온 것에 대한 보상을 받는 거라 여겼다.

사실 지금의 나라면 하루 종일 머물며 충분히 예쁜 바다와 몽돌을 즐겼을 것이다.

한 주 여행만 되도 훨씬 여유가 생긴다. 한 달 살기 전 나는 일주일 여행을 간 적이 있다. 좀 늦게 일어나 아이들과 함께 아침밥을 해먹고 바닷가로 산책을 나섰다. 신기하게도 하늘의 구름이 매일 바뀌듯이 바다도 날씨의 변화에 따라 매일같이 빛깔도 달라지고 파도의 모양도 바뀐다는 걸 알게 됐다. 철썩거리는 파도는 눈송이 같을 때도 있었고 새하얀 소금 같을 때도 있었다. 여유가 생기니 더 많은 것이 느껴지고 보였다.

"우리 바람 쐬러 나갈까? 어디로 가고 싶어?"

"음. 어제 갔던 바다 또 가고 싶어. 바다에 내가 삽 하나를 숨겨 두고 왔거든."

"그래, 그럼 나갈 준비할까?"

"응, 엄마. 내가 물이랑 간식 챙길게"

"그래. 엄마는 밥을 좀 챙길게."

우리는 한번 나가면 어두워질 때까지 들어오지 않을 것이라는 걸 모두 알고 있었다. 그래서 나는 아침에 먹다 남은 반찬과 밥으로 도시락을 간단히 싸고 아이들은 물과 간식을 챙긴다. 하루 종일 삽으로 모래를 퍼다 나르고 바닷물을 떠다가 성도 만들며 소꿉놀이를 한다. 해가 떨어질 때까지 아이들은 꿈쩍도 안 하고 놀이에 심취한다.

"엄마! 엄마! 저기 봐봐! 무지개 파도 보여?"
"오~오~ 대박. 저거 뭐지? 파도에 무지개가 생기네."
"엄마~ 파도가 엄청 세서 그런가 봐. 엄마 대박이지?"
"우와~ 정말 대박이다. 나도 40년 만에 처음 본 거야. 근데 저거 평생 한 번을 못 본 사람도 많을 거야."
"진짜?"
"그럼. 아무나 볼 수 있는 게 아니야! 하늘에 별똥별을 보기 힘든 것처럼 파도 무지개는 더 보기 힘들 걸?"
"우와~ 나는 오늘 꼭 일기를 쓰고 잘 거야! 파도 무지개 본 기념으로~"

하늘에 떠 있는 무지개조차 보기 힘든 요즘, 우린 종일 바다에서 놀다가 일생에 한 번 보기 힘들 것 같은 무지개 파도를 보았다. 아마도 종일 바다에서 놀다보니 만날 수 있었던 자연의 특별한 선물이 아니었을까 싶다.

나는 아이들과 함께 놀기도 하고 가져간 책도 보기도 한다.

가끔 고개를 들어 아이들이 노는 모습에 흐뭇해하기도 하고 때론 무념무상으로 하루를 보내기도 한다.

"여행은 지금 현재에만 있다"는 말처럼 현재 지금에 몰입하며 하루를 보내다 보면 잡음이 없는 일상에 어느새 마음속 깊은 곳까지 여유가 찾아온다. 그러다 내 머릿속마저도 고요함이 흐르고 있음을 느낀다.

일주일 살기 여행을 하면 달라지는 것이 또 있다. 노는 문화가 다르다. 나는 어릴 적 저수지에 얼음이 얼면 판자썰매를 탔다. 눈이 오면 뒷동산으로 올라가 비료포대에 짚을 한가득 넣고 산비탈에서 눈썰매를 타고 놀았다.

도시 아이들은 그렇게 놀 수 없다. 기껏해야 대형 키즈카페 같은 곳에 비싼 돈을 내고 들어가서 놀 수 있을 뿐이다.

또한 도시에서는 도시락을 들고 소풍을 나오는 게 쉽지 않다. 주위를 보면 온통 식당들이다. 식당들이 즐비한데 누가 도시락을 싸들고 나와 점심을 해결할까? 그런데 1주일 여행을 하는 동안 우리는 자주 간단한 도시락을 싸들고 산책을 나선다.

산책길에서 만나는 파란하늘에 하얀 뭉게구름, 푸르고 높은 산, 그리고 자주 보이는 파란 호수, 졸졸졸 소리마저 아름다운 시냇물, 그 모든 것들이 내 오감을 자극시키고 지친 일상의 내 마음을 치유해 준다. 여유를 갖고 밖을 나서면 자연에는 더불어 놀 것들은 지금도 많다.

일주일 여행 정도면 비용 면에서도 부담이 크지 않다. 하루 이틀 여행이라면 밥을 주로 식당에서 해결하겠지만 일주일 여행이라면 집에 있는 쌀과 김치를 챙겨와 직접 해결하게 된다. 단기여행과 일주일 이상 장기여행의 마음가짐은 이렇게 음식 재료 챙기는 것에서부터 달라진다.

냉동실에 있는 갖가지 남은 재료들을 싸오면 제법 요긴하게 요리를 해 먹을 수 있고 여행지의 비싼 외식비용도 줄일 수 있다. 여행지에서는 반찬이 많이 없어도 뭐든 다 맛있다. 그래서 오히려 장기여행의 비용이 생각보다 훨씬 적어지는 것이다.

일주일 살기 경험이 나와 아이들에게 한 달을 살 용기를 주었다. 일주일 살기 여행이 있었기에 그해 겨울방학에 우리는 첫 한 달 살기를 시작할 수 있었다.

"아무것도 하지 않으면 아무것도 일어나지 않는다"는 말이 있다. 어쩌면 나 역시 두려움으로 처음 한 달 살기 여행을 시작하지 않았다면 우리 가족에게 지금까지 아무 일도 일어나지 않았을 것이다.

지금도 여전히 일상의 지루함과 답답함을 해소할 숨구멍을 찾아 헤매고 있을지도 모른다.

혹시 한 달 살기의 자신감이 생기지 않았다면 우선 일주일 살기에 용기를 내 보았으면 좋겠다. 아무것도 하지 않으면 정말 아무것도 일어나지 않으니까 말이다.

잠 못 이룬 첫 한 달 살기, 양구 이야기

앞서도 잠깐 소개했지만 강원도 양구는 친구가 이사를 간 곳이다. 그렇게 친구네로 놀러 다니다가 우리는 결국 그 마을에 더 오래 머물고 싶어져서 한 달 살기 여행을 시작했다. 먼저 친구에게 전화를 걸었다.

"우리 양구에서 한 달을 살아 보려고 하는데 한 달 묵을 만한 숙소를 소개해 줄 분 있어?"

"응, 마침 아는 분이 있어서 알아봐줄 게."

친구네가 소개해 준 숙소를 정하자 우리 셋은 한결 가벼운 마음으로 양구 한 달 살기를 시작할 수 있었다. 그러나 양구에 도착한 첫날부터 나는 잠을 잘 수가 없었다.

서울에 있는 우리 집은 12층 아파트의 11층이었는데, 아파트에 들어오려면 최소한 1층에서 현관 비밀번호를 사용해야 하고 집 현관문도 열어야 했다. 그런데 이곳은 마당에서 문 하나만 열만 바로 방이다. 아이들은 벌써 잠들었지만 나는 도무지 불안해서 잠이 안 왔다.

'미쳤어! 미쳤어! 류현미. 어쩌자고 이 먼 곳으로 애 둘을 데리고 온 거야? 무섭지도 않니?'

꿈으로만 그리던 마당 있는 집에서 자고 있는데 현관과 계단과 엘리베이터가 없으니 얼마나 두려운지 정말 말로 어찌 표현 못할 심경이었다.

이렇게 한 달 살기 첫날밤은 거의 뜬눈으로 보냈다. 밤새 겨울바람에 흔들리는 창문과 방문 소리는 나를 더 자극했다. 다시 서울로 가야 하나? 별의 별 걱정과 고민을 다 하며 찔끔찔끔 창문으로 스며드는 햇님을 보고서야 잠이 들었다.

밤새 잠을 설친 탓인지 얼굴에 다크써클이 턱 아래까지 내려온 거 같았다. 그래도 우리의 본격적인 여행의 하루가 시작되었다. 늦은 아침 일어난 아이들은 새로운 한 달 살기에 대한 기대감이 컸다. 둘은 내복바람으로 마당에 뛰어나갔다. 문을 여는 순간 바깥의 기온차가 그대로 확 느껴졌다.

"승호야, 옷 입고 나가."

"승희야, 잠바 입어."

아이들에게 내 잔소리는 이미 들리지 않았다. 바깥 공기가 방안으로 들어오자 입에서 입김이 나오기 시작했다. 이불을 목까지 잡아당겼다. 이런 추위에도 아이들은 아랑곳하지 않고 마당으로 강아지한테 달려나가며 쫑알쫑알거리기 시작한다. 세 마리의 강아지가 꼬리를 흔들며 새로 온 아이손님들을 반졌다.

"강아지야, 잘 잤니?

"강아지야, 밥 먹을래?

"엄마, 우리가 먹다 남은 음식 없어?"

아이들은 강아지들과 한참을 놀다가 이번에 마당에 얼어 있는 통의 얼음을 깨기 시작했다. 나는 겨울옷을 들고 마당으로 나가서 두 녀석에게 입혀 주었다. 그렇게 무섭고 두렵고 그리고 조금은 설레는 나름 혹독한 한 달 살기의 첫날을 우리는 그렇게 맞이하고 있었다.

나는 첫날 이후 며칠 간 더 밤새 잠을 설쳤지만 우리 아이들은 새로운 환경과 삶에 빠르게 적응했다. 주인집 할머니네 안채에 들어가 매일 아침체조도 하고, 할머니 할아버지의 손자인 양 재주도 보여주고 애교도 부렸다.

시간이 흐르자 나 또한 조금씩 적응이 돼 밤에 일찍 잠이 들기 시작했다. 며칠이 지나자 이 시골집에 아예 적응돼 잠도 잘 자고 어느덧 1층 마당을 온전히 즐길 수 있게 됐다. 나도 매일 일어나면 아침공기를 마시러 내의 바람으로 마당에 나와 깊은 숨을 들이키며 흙내음과 풀내음을 만끽해 보았다.

김영하 작가는 이런 말을 했다. "삶의 안정감이란 낯선 곳에서 거부당하지 않고 받아들여질 때 비로소 찾아온다고 믿는다. 보통은 한 곳에 정착하며 아는 사람들과 오래 살아가야만 안정감이 생긴다고 믿지만." 그의 말처럼 낯선 곳에서 거부당하지 않고 받아들여진다는 것은 참으로 행복한 것 같다.

드디어 내 눈에 하나 둘씩 보이기 시작하는 강원도 시골 동네 풍경들. 앞마당에서 보이는 겨울 산의 운치, 거기에 깨끗한 새벽공기의 신선함, 지저귀는 아름다운 새소리. 이곳에서 나는 도시에서 지친 몸과 마음의 여유를 찾게 되었다.

아무것도 하지 않아도 나에게 태클 거는 이 한 명 없는, 그 어떤 잡음조차도 들리지 않는, 바로 이곳이 양구다.

5일장이 만들어준 나의 미니멀 냉장고

우리 숙소에 있는 냉장고는 아주 작은 사이즈다. 그렇기에 많은 양의 재료를 사 두지 못한다. 이런 이유로 5일장을 잘 이용해야 한다.

양구에는 5일장이 열린다. 5일장이란 5일마다 한 번씩 장이 열린다는 말이다. 다시 말해 한 번 장 보고 나면 5일 동안은 장을 볼 수 없다. 5일장과 작은 냉장고 때문에 우리는 자연스럽게 몇 가지 규칙과 변화가 생겼다. 냉장고 사이즈에 맞게 충동

구매 금지, 요리방식의 혁명, 아무것이라도 먹어야 하는 아이들의 편식 예방 등이다. 5일장과 작은 냉장고가 의외로 우리의 생활습관을 바꾸어 놓았다.

과거의 나를 돌아보면 계획 없는 소비를 하는 경우가 많았다. 서울에선 주로 대형마트를 다녔다. 냉장고에 쌓인 재료 뒤에 숨어 있어 똑같은 재료를 또 사기 일쑤였다. 당연히 앞선 재료는 유통기간이 지나 버려야 했다.

5일장이 신기하고 궁금한 아이들이 달력에 동그라미를 쳐 둔다. 5일장이 서는 날이면 아이들이 빨리 장보러 가야 한다고 성화다.

"엄마 일어나! 얼른 얼른~"
"엄마 오늘 장날이라고! 얼른 가야지!"

내가 아이들을 깨우던, 학교 다닐 때랑 다르게 방학 때는 주로 아침잠이 많은 나를 아이들이 깨운다.

"응, 아직 문 안 열었을 거야. 조금만 더 있다가 움직이자."
"엄마는 잠만보야! 잠만 자는 치치치."
"승호야! 아침에 라면 어때? 좋지? 대신 끓여 먹을 수 있지?"

1학년인 아들에게 라면을 끓여 먹으라는 엄마는 참 '간 큰 엄마'일 것이다. 그래도 언제나 엄마 옆에서 음식을 할 때면 조잘조잘대면서 도와주던 녀석이라 충분히 혼자 할 수 있을 거라고 믿었다.

"좋아! 엄마! 승희야! 라면이래! 앗싸! 승희야, 우리 라면을 끓이자!"
"오~예!"

그때까지도 나는 이불 밖으로 못 나오고 아이들이 잘하는지

몰래 이불 속에서 지켜보고 있었다. 아이들은 후다닥 라면을 끓여서, 평상시에 엄마가 싫어하는 라면을 먹을 수 있으니 재잘재잘 쩝쩝 아주 신이 났다.

우리는 5일장이 열리는 곳으로 갔다. 늘 조용하고 한적하던 동네였지만 5일장이 서는 날이면 어디에서 이렇게 많은 사람들이 몰려올까, 미스터리 같다는 생각이 들 정도다. 시끌벅적한 시장 안에서 우리는 필요한 물건을 산다. 냉장고가 작다는 사실을 모두 알기 때문에 물건을 많이 사지는 못한다. 대신 구경은 실컷 하고 온다. 시골장터 아이쇼핑도 정말 재미있다.

"엄마! 뻥튀기 뻥이야는 진짜 재미있는 것 같아."

"그치~ 엄마 어릴 적에도 많이 봤는데 소리가 엄청 크지?

"웅, 전쟁 나는 거 같았어. 근데 대포같이 진짜진짜 소리가 컸어."

우리는 5일장에서 뻥튀기 아저씨도 만나고 생선가게에서 생선도 보고 꽃게 구경도 하고 알록달록 다양한 야채와 과일도 실컷 구경했다.

뭐 그리 산 것도 없지만 냉장고를 채우면 워낙 작기 때문에 금세 가득 찼다.

"오늘 저녁은 삼겹살 파티다."

"와, 고기다."

삼겹살을 구워먹은 그 다음날 아침에는 먹고 남긴 파 채와 삼겹살과 깍두기를 넣어 삼겹살 볶음밥을 만들었다. 난생 처음 해본 음식이었다. 아이들이 식당음식보다 더 맛있다며 난리였다.

내가 깍두기로 볶음밥을 할 줄이야! 이가 없으면 잇몸, '재료가 없으니 아무 거나 있는 재료를 최대한 활용해보자'라는 생각으로 막 해보았는데 맛있는 요리가 탄생한 것이다.

그 다음날에는 남은 야채로 야채카레를 만들었다. 어느 새 우리는 5일 동안 냉장고에 있는 재료만 가지고 음식을 해 먹는 요령을 터득한 것이다.

서울생활에서는 상상도 못할 일이었다. 사실 서울에 있는 냉장고는 크기 때문에 새로운 요리에 대한 고민을 해보지 않았다. '오늘 뭐해 먹자!'며 메뉴에 맞는 재료를 샀다가 재료 하나가 없으면 포기했다. 카레를 해야 하는데 감자가 없다는 이유로 하지 않는 식이었다.

그러나 이제는 단무지 없는 김밥을 맛있게 싸먹을 수 있다. 마른 오징어를 넣고 미역국을 끓인다. 내 맘대로 요리 창조자가 된 것이다.

아이들은 당연히 새로운 요리를 맛있게 먹어준다. 열심히 뛰어 논 아이들은 배가 많이 고프기에 엄마가 해주는 그 어떤 재료의 요리도 잘 먹었다. 서울처럼 집 바로 앞에 마트가 있는 것도 아니고 군것질 거리를 살 곳도 없다는 점도 아이들이 밥을 잘 먹는 이유다.

한 달 살기가 끝나면 나는 새로 태어난 느낌이다. 생각이 변하고 깨달음이 생긴다. 생각이 달라지니 서울 집의 냉장고 안이 변하기 시작한다. 집에 와서 냉장고를 여는 순간 나는 그만 충격에 빠진다. 이전에는 익숙했지만 말이다.

그동안 미루어 두었던 냉동실 음식 재료들을 하나씩 녹여 요리해 먹기 시작한다. 냉장고의 미니멀 작전은 우리 가족을 건강하고 신선한 음식을 만날 수 있게 해주었다.

당연히 서울에서의 음식 재료 구매 습관에도 변화가 생겼다. 냉장고에 재료들이 조금만 있어도 그것부터 요리하는 습관이 생기니 꼭 필요한 것만 사게 됐다. 그래서 예전과 달리 지금은 음식물 쓰레기가 훨씬 덜 나온다.

냉장고가 심플해지면 지금 무슨 재료가 있는지 정확히 보인다. 당연히 그 재료를 활용해 무엇을 해 먹을 것인가도 더 연구하게 된다. 비어 있는 냉장고가 나를 창조적인 인간으로 만들어준 것이다.

'오늘 뭐 해먹지!'라는 주부의 일상 고민에서 탈출하는 방법은? 그냥 냉장고에 있는 걸로 요리해 먹으면 된다. 먹을 것이 없는 냉장고는 없다.

김치 하나라도 훌륭한 요리재료다. 일주일에 한 번 장을 보고도 충분히 살아낸 내가 잡다한 요리재료들이 가득 찬 서울 냉장고를 비우는 것쯤이야 누워서 떡먹기다. 나에게 냉장고 사용법을 알려준 멋진 선생님은 바로 양구의 5일장과 작은 냉장고인 셈이다.

심심함을 즐겨라! 스마트폰과 생이별!

대부분의 요즘 사람들은 매순간 스마트폰, 인터넷, 게임기, 텔레비전에 잡혀 산다. 다행히 우리 집에는 텔레비전도 없고, 아이들은 핸드폰도 없다.

우리 아이들은 여행을 가서도 핸드폰이나 텔레비전을 보지 않고 지낸다. 장난감도 없다. 그것까지 싸서 가지고 다니기엔 짐이 너무 많다. 그러기에 한 달 살기를 시작하면 정말 무에서 유를 창조해야 한다.

놀고 싶은 무언가가 생기면 아이들은 놀이감을 직접 만든다. 심심하면 창의성이 생긴다는 말이 빈 말이 아니다.

"승희야, 색종이로 미니카 좀 만들어봐."

"왜 오빠?"

"오빠가 지금 보드게임 만들고 있는데 말로 사용하게."

"그래? 조금만 기다려봐~"

첫째가 큰 종이에다가 보드게임을 만들면 승희는 색색별로 미니카를 만들었다.

"우리 이제 게임 시작하자."

셋이 둘러 앉아 보드게임을 즐긴다.

"어! 4칸이네~ 하나, 둘, 셋, 넷~"

"푸하~ 엄마 엉덩이로 이름쓰기."

"뭐야, 이런 벌칙도 있어?"

"푸하~ 엄마 엉덩이 대빵 커~!"

"요녀석들~ 흐흐."

"이번엔 나."

"벌칙 또 걸렸네! 책 한 권 읽고 오기."

"이건 또 뭐야?"

"하하하~"

아이들이 직접 만든 보드게임은 시중에 파는 것보다 훨씬 창조적이고 기발하다. 왜냐하면 벌칙이 재미있기 때문이다. 갑자기 책을 가지고 와 읽기 시작해야 하고, 엉덩이로 이름 석

자를 써야 할 때도 있다.

칼럼리스트이자 미디어소비자운동가인 권장희 소장은 『스마트 폰으로부터 아이를 구하라』(마더북스)에서 이렇게 말했다. “아이들이 심심해서 무언가를 하고자 한다는 것은 그들의 뇌가 시냅스를 만들기 위한 강력한 신호를 보내는 것이라 할 수 있다.” 그는 무엇보다 “엄마, 심심한데 스마트폰 좀 하면 안 될까요?” 하는 아이들의 요구를 견디라고 권한다. 그러면 스스로 심심함을 해결하기 위해 아기가 뭔가 답을 찾을 것이고, 그때 아이의 뇌 속에 시냅스가 연결되며 뇌가 발달한다고 설명했다.

예전엔 나도 아이들에게 쉽게 텔레비전이나 스마트폰을 허용했다. 그러나 지금 심심한 아이들의 요구를 견뎌내다 보니 아이들은 어느새 스스로 창의력을 키우며 놀이의 달인이 되고 있다.

정말 아무런 장난감을 가지고 오지 않은 아이들은 한 달간 새로운 놀이를 직접 개발하고 새로운 놀잇감을 직접 만들어서 놀았다. 마트에서 산 장난감보다 직접 만든 놀잇감은 더욱 애정이 가기 마련이다. 이 때문에 시중에 파는 장남감은 얼마 가지 않아 싫증을 내지만 직접 만든 놀잇감은 애정이 많아서 오래토록 가지고 놀게 된다.

한 달 살기 동안 아이들은 스마트폰이나 텔레비전을 사용하지 않도록 하는 것이 좋다. 그러면 한 달 살기 후 아이들에게 변화가 생길 것이다. 심심함은 창조성을 낳기 때문이다.

다른 사람들은 어떻게 삶을 대할까?

'과연 나는 잘 살고 있는가?'

한 달 살기 여행을 하기 전 나는 늘 스스로에게 이런 질문을 던졌다. 매일 똑같은 환경에서 인생의 답을 찾기란 너무 힘들었다.

장기 여행은 나에게 답을 줬다. 나를 다른 환경에 갖다 놓았고 낯선 곳에서 나를, 또 다른 사람들을 엿볼 수 있는 기회를 만들어 주었기 때문이다. 베트남의 시골마을 무이네에서 있었던 일이다.

"엄마, 밥 먹으러 가자!"

"잠깐만 엄마 속옷 좀 입고~"

"엄마, 밖에 사람들 비키니만 입고도 다녀."

"그래도~ 잠깐만 기다려줘."

"엄마는 지금도 긴 옷 입었는데?"

"아니야, 속옷을 안 갖추어 입었잖아."

아이와 그렇게 대화하다가 화들짝 놀랐다. 남을 너무 의식하는 나를 발견한 것이다. 나는 늘 남들을 너무 의식하는 편이었다. 그러다 정작 내가 진정으로 원하는 걸 못하는 경우도 많았다. 그럴 때 참 속상하고 힘들었다.

그랬다. 나보다 좀 더 큰 집에 사는 사람들을 항상 부러워했다. 경차 모닝을 타면서 중형차를 타고 다니는 사람들을 보면 너무 부러워했고, 차를 좀 더 큰 차로 바꾸고 나서는 수입차를 타는 사람들을 마냥 부러워했다. 남을 의식하니 뭔가를 가져도 만족은 늘 끝이 없었다.

외국에서 본 한국 여행자들의 모습도 나와 크게 다르지 않았다. 무이네 사막 투어에서 많은 한국 사람들을 만날 수 있었다. 대부분의 사람들은 사막을 보러 잠깐 들렀다고 했다. 내가 예전에 그랬듯이 바쁘게 구경하고 다른 곳으로 서둘러 이동하는 것이다.

사막에 서서 바쁜 한국 여행자들을 보면서 생각했다. 저 건너편 지구 저편에 한국이라는 조그마한 나라에, 그것도 서울에 천왕동이라는 작은 마을에 사는 나는 왜 이다지도 바쁘게, 또 남의 눈을 의식하며 하루를 살고 있을까? 나 역시도 남들이 다 가본다는 사막을 꼭 와야 한다는 강박에 사로 잡혀 여기에 와 있는 것은 아닐까?

내가 정말 좋아서 하고 싶은 것을 하는 것이야말로 진정한 내 삶이다. 다른 사람들의 삶을 들여다보기 시작하면서 나는 내 삶을 좀 더 객관적으로 바라볼 수 있게 되었다. 늘 휴식조차도 치열하게 하고 다녔던 나를 낯선 무이네 사막에서 다시 한번 조우했다.

하지만 매일 쫓기듯 남을 의식하며 사는 나와 달리 무이네에 여행을 온 수많은 서양 사람들은 걸음걸이조차도 여유가 배어 있었다. 그날 아침 식사를 하러 가는데 매일같이 여유롭게 벤치에 누워 하늘을 보며 즐기는 노부부를 보았다. 볼록한 배를 자랑이라도 하듯 비키니를 입고 그 어떤 누구도 의식하지 않은 채 책을 보고 하늘을 보며 가끔 수영도 하고 매일 평온하게 보내고 있었다.

그날 '남을 의식도 하지 말고 누가 내 욕 좀 하면 어때?'라며 살아보기로 결심했다. 욕을 먹어도 되는 사람은 없지만, 나 또한 '착한 아이 콤플렉스'가 있었다. 타인으로부터 착한 아이라는 반응을 위해 억압하는 행동에서 벗어나겠다고 마음을 먹었다.

"우리의 불행은 대부분 남을 의식하는 데서 온다." 쇼펜하우어의 명언이다. 남들이 어떤 삶을 살든 부러워할 필요도 비교도 할 필요도 없다. 그저 나는 나의 길을 가는 것이 나의 답이다. 남들이 가진 집과 차를 부러워하며 욕심을 내기보다는 작지만 돌아갈 수 있는 내 집을 사랑하고 나의 이 풍요로운 한 달 살기 여행길을 소중히 여길 것이다.

해외 한 달 살기, 다르지 않아요!

“한 달 살기로 요즘 해외를 많이 가던데요?”

“아니에요. 한국도 좋은 곳이 정말 많아요.”

“아~ 그렇군요! 한국 여행부터 시작해야겠네요.”

얼마 전 내가 운영하는 블로그를 보고 문의해 온 분을 상담해 주었다. 한 달 살기 해외가 좋을까, 국내가 좋을까? 물론 장단점이 있다.

요즘은 해외 한 달 살기가 많이 늘어난 추세지만 반드시 해외 여행만을 고집할 필요는 없다. 아니 오히려 처음에는 국내 한 달 살기를 먼저 시작했으면 좋겠다. 나 역시 국내부터 경험했다.

국내 장기여행의 장점을 꼽자면 한도 끝도 없다. 우리나라 곳곳에 숨은 보석 같은 마을들이 참 많다. 산도 바다도 강도 아름다운 대한민국을 나는 무척이나 사랑한다.

우리나라는 사계절을 가지고 있어서 같은 장소라도 계절에 따라 새로운 느낌을 주는 것이 참 매력적이다. 정말 축복받은 땅이다. 봄이면 새싹 핀 나무와 꽃나무로 신선함과 코를 찡긋하게 하는 향기도 준다. 여름이면 울창한 나무와 3면의 바다 속에 뛰어 들 수 있다. 겨울이면 눈 덮인 마을은 어디라도 아름답다.

자연은 우리에게 바람소리, 양떼구름, 흙냄새로 다가와 일상에서 지친 우리의 마음을 치유해 준다. 단기로 다녀온 여행지를 한 달로 갔을 때는 전혀 다른 느낌을 얻고, 한 번 갔던 곳을 두 번 세 번 갈 때도 갈 때마다 각기 다른 선물로 받는다.

내 마음과 여유에 따라 보는 눈도 바뀐다. 그곳에서 만나는 사람이 다르고 마을마다 문화도 새롭다. 도시마다 특유의 향도 다르고, 역사가 많은 우리나라의 지역 스토리 또한 가는 곳마다 재미지다. 그래서 나는 아직도 우리나라에 새롭게 가보고 싶은 곳이 많다.

만약 국내 여행에 경험을 어느 정도 쌓았다면 그 다음에는 해외 장기여행에 도전해 볼 수 있다. 국내 여행과 다르게 해외 장기여행은 외국어를 잘 못하는 나에게 엄청나게 큰 도전이었다. 출발하기 전날까지 그 두려움을 깨기란 쉽지 않았다.

'내가 미쳤지? 한국의 다른 도시나 갈 것이지. 내가 또 사고를 친 걸까?'

출발 전까지 며칠을 후회하기도 했다. 그러나 베트남 하노이에 막상 도착해서 느낀 건, 언제나 느끼는 거지만 새로운 장소가 주는 긴장감과 설렘이 공평하게 나를 자극시킨다는 사실이었다. 여행은 그 자체가 문제를 해결하는 과정의 연속이다. 지금도 하노이의 오토바이 경적소리와 매연들이 내 눈앞에 펼쳐진다.

"핸드폰에 있는 곳까지 얼마예요?

"3달러."

"그럼 탈게요."

도착하면 운전자는 말이 싹 바뀐다.

"30달러 줘."

"뭐라고요?"

우리는 이렇게 종종 바가지요금을 요구하는 현지인을 만났다. 그럴 때마다 '이 난관을 어찌 해결하지?' 한국말과 짧은 영어 번역기를 돌려가며 난관을 헤쳐 나갔다. 여행이 항상 행복하고 즐거운 것만은 아니다. 문제의 연속이다. 만약 여행이 평탄하다면 도리어 얼마나 지루하겠는가? 우리 아이들을 기쁘게 맞아주며 놀아주던 베트남 사람들, 그리고 각국의 사람들, 그리고 어디든 있는 사기꾼들이 모두 우리 여행의 소중한 일부인 셈이다.

"엄마, 저 사람 또 우리한테 사기를 치려 하는 거 아냐?"

"엄마도 의심스러워. 저쪽으로 가지 말자."

우리는 길을 안내해 주겠다거나 사진을 찍어 주겠다는 사람을 피해야 한다는 걸 알게 됐다. 때론 시비가 붙어 언성이 올라가기도 하면서 나는 내 켜켜이 쌓여 가는 숱한 낯선 공간의 여행경험들이 나를 더욱 더 단단하게 해 주고 있다는 것을 느낄 때가 있다.

주위에 외국사람이 많은지, 관광하는 사람이 많은지를 살펴보고 얼토당토않은 상황에는 적극적으로 대처하는 요령도 터득했다. 우리는 하루하루 낯선 땅에서 특별한 이야기를 만들어 나가고 있었다.

해외에 사는 친구나 동포들은 얼마나 힘들게 살까? 이런 걱정을 한 적이 있다. 해외여행을 다녀보니 그건 내 편견이었다. 어쩌면 낯선 세계에서 살아간다는 사실 하나만으로도 그들은 진짜 멋지고 아름다울 자격이 있다.

아나톨 프랑스가 말한 것처럼 "여행이란 우리가 사는 장소를 바꾸어 주는 것이 아니라 우리의 생각과 편견을 바꾸어 주는 것"이었다. 결국 여행이라는 것은 한국이냐 해외냐가 중요한 게 아니다. 어떤 여행이든 모두 나를 돌아보게 도와 주는 계기를 마련해 줄 뿐이다.

어디든 앉아 있지 말고 떠나보라. 그러면 반드시 성장할 것이다. 진정으로 중요한 건 "진정한 여행은 새로운 풍경을 보는 것이 아니라 새로운 시야를 갖는 것"(마르셀 프루스트)이란 사실뿐이다.

깜깜한 사막 아래 딸랑 남은 우리 셋

오늘은 베트남의 작은 도시 무이네의 화이트 샌드라는 곳에 가보기로 한 날이다. 새벽부터 나는 아이들을 재촉했다.

"애들아, 얼른 일어나."
"벌써 시간이 된 거야?"
"졸리지? 그래도 지금 나가야 해."

새벽 4시 반쯤이었다. 로컬버스로 가고 싶었지만 아무리 찾아봐도 도저히 찾을 수 없었고 택시로 가기엔 너무 비싼 금액이라 처음으로 사막투어 신청을 해서 출발했다. 우리의 투어를 도와줄 아저씨는 반갑게 영어로 인사를 건넸다.

"How are you?"
"Hi, Hi."

경적소리가 시끄러운 베트남도 이 새벽에는 조용했다. 그렇게 40여 분을 달려 도착한 곳이 화이트 샌드 입구였다. 우리는 다시 사륜 오토바이를 나눠 탔다.

어느새 4륜 오토바이는 우리를 사막 꼭대기에 데려다 주었다. 아직도 어두운 새벽이었다. 저 멀리 도시의 빛이 살짝 보이는 정도였다. 4륜 오토바이 아저씨는 우리를 내려놓고 사막 아래로 내려갔다.

깜깜한 사막, 그리고 이 넓은 곳에 딸랑 남겨진 우리 셋. 왠지 더 어둡고 더 적막한 느낌이 들었다. 우리 셋은 사막 모래 위에 털썩 주저앉았다.

"엄마, 여기서 해 뜨는 것을 보는 거야?"

"그런가 봐. 사람이 아무도 없으니까, 좀 무섭다."

"엄마! 승희야! 저기 하늘을 봐."

아들이 하늘을 가리켰다.

"왜 오빠?"

"저기 별 좀 봐."

우리는 모두 하늘을 바라보았다.

"우~와, 은하수 같다. 정말 많네."

"엄마! 별이 우리한테로 쏟아질 것 같지?"

"정말이네~"

하얀 모래가 덮인 사막에 우리 셋은 한참 하늘을 바라보고 있었다. 캄캄한 하늘에 별들이 정말 수를 놓은 듯했다. 검은 바탕 도화지 위에 빛나는 별빛들이 우리 쪽으로 마구 떨어질 것만 같았다.

아무도 없는 적막하고 어두운 베트남 사막 한가운데에서 적막함이 주는 두려움과 무서움, 그리고 아름다움 등으로 나는 만감이 교차했다.

어린왕자가 사막에서 만난 별들도 이런 느낌이었을까? 말로는 다 표현할 수 없는 광경이었다. 언제 내가 이런 걸 볼 수 있겠는가? 베트남 사막 위 새벽별들과 마주보기는 그야말로 감동의 순간이었다.

그 순간 나는 '어린왕자'에서 가장 중요한 건 보이지 않는다는 말이 떠올랐다. "어떤 별에 있는 꽃을 사랑하게 되면, 밤에 하늘을 바라보는 게 참 달콤해." 그 어떤 별에 있는 꽃을 사랑하게 되면, 난 참으로 우리 가족을 사랑하고 나를 사랑하고 있는 거지.

사막 위에 나란히 셋은 누웠다. 그리고 검은 하늘에 별을 보며 도란도란 이야기를 나누었다.

"우리 언젠가 아빠랑 꼭 한번 다시 오자."

소소하지만 확실한 행복이었다. 깜깜하고 적막한 사막 위에 오롯이 남아 있는 우리 셋은 그 두려움조차도 우리 가족이 함께라면 모든 걸 이겨낼 수 있는 힘이 있다는 것을 그 순간 느꼈다. 우리 셋은 베트남의 아무도 없는 모래사막에서 하늘을 바라보며 손을 꼭 잡았다.

다섯 번째 한 달 살기 – 무이네의 작은사막에서

한 달 살기 여행이 준 놀라운 기적들

도시에서의 복잡한 일상과 다르게 한 달 살기 여행에서는 단순한 일상의 연속이다. 삼척 한 달 살기 때 이야기다. 아침에 눈을 뜨고는 아이들과 어젯밤에 통발을 던져 놓은 곳으로 갔다.

"엄마, 오늘은 내가 통발 건질 거야."

아들은 통발을 설치한 곳으로 단숨에 달려갔다.

"와! 엄마! 승희야! 통발에 뭐가 들었어~"

"뭐 잡았어?"

"오! 꽃게다. 엄청 커!"

"우리 빨리 가서 꽃게 쪄 먹자!"

통발 안에 들어가는 미끼는 어시장에서 얻어놓은 생선 머리다. 추운 겨울 손을 호호~ 불면서 바닷가에 나가 통발을 건져 올릴 때마다 우리는 두근두근 가슴이 떨린다. 오늘은 무엇이 걸려들었을까?

삼척에서의 첫날 아빠와 엄청 큰 장어를 잡아 올린 이력이 있기 때문에 늘 새로운 기대감을 가지고 통발을 들어 올린다. 그런데 이번엔 엄청 큰 꽃게가 올라온 것이다. 그렇게 룰루랄

라 숙소에 돌아와서는 아이들은 꽃게와 대화 중이다.

“야! 꽃게, 너 왜 잡혔니?”
“좀 불쌍하다. 그렇지만 우리가 맛있게 먹어줄게.”
“꽃게야~ 용왕님은 어디 계시니? 너를 못 지켜주고.”
“꽃게, 너 진짜 못생겼다. 우리 오빠는 잘 생겼는데.”

아이들이 꽃게와 한참 대화를 나누는 사이 물이 끓자 아이들은 대화를 마무리한다.

"꽃게야, 안녕!"

"있다가 내가 맛있게 먹어줄게."

우리는 맛있게 꽃게 된장국을 끓여 아침을 먹었다. 아침밥을 먹고 나서 우리는 다시 뒹굴뒹굴 게으름모드로 변신한다. 보통은 다음날 무얼 할지 미리 정해 놓지만, 오늘은 아무 계획이 없는 날이었다.

아이들과 이야기하다가 삼척에서 가까운 태백에 가보기로 했다. 어제는 삼척 앞바다에 나가 모래놀이와 바다구경을 실컷 하고 숙소에 일찍 들어와 온 식구가 책을 보고 쉬었기에 오늘은 조금 에너지를 써서 태백까지 넘어가 보기로 한 것이다.

태백 가는 도로는 구불구불 산맥을 타고 올라가는 멋진 길이었다. 아~, 차를 세우고 구경하고 싶을 정도로 장관이었다. 높은 곳에서 바라보는 태백은 정말 아름다운 도시였다.

우리는 태백산 입구에 있는 한가한 눈썰매장에 들어가 미리 해온 주먹밥과 귤을 먹으며 눈썰매를 하루 종일 탔다. 아이들은 신나게 눈썰매를 타고 나는 눈 위에서 따사로운 햇살을 받으며 여유롭게 책을 읽었다.

책을 보다가 힐끗 보니 아이들은 어느새 안전요원 형들이랑 친해져서 서로 놀고 있었다.

"형! 이번에 다시 도전! 내가 이번엔 이기고 말 거야!"
"그래? 한 번 다시 해볼까?"
"흐흐흐 형아, 내가 꼭 이길 거야."

종일 눈썰매를 탄 아이들은 삼척으로 오는 내내 곯아떨어졌다. 숙소에 돌아와 아침에 먹다 남은 된장국으로 저녁식사를 마치고 아이들은 잠자리에 들었다.

이제부터 나는 완전한 여유를 즐길 수 있다. 나는 영화를 한 편을 보았다. 이곳 일상과 서울에서의 일상은 너무나 다르다. 자그마한 숙소에서 내가 꼭 해야 할 일은 많지 않다. 어려운 골칫거리나 신경을 많이 써야 할 것도 없다. 그 어떤 잡음도 들리지 않는 무공해 섬 같은 곳이었다.

저절로 머릿속 전원스위치가 꺼진다. 오늘 하루 지금에 충실하면 된다. 한 달 살기의 하루는 그래서 매일매일이 기적이다.

퇴직한 부부를 위한 한 달 살기(일 년 살기)

내가 운영하는 블로그를 보고 연락을 주시는 어르신들이 많다. 얼마 전 블로그에 질문이 올라왔다. 퇴직을 앞두고 있는데, 한 달 살기 조언을 듣고 싶다는 것이었다. 그 분은 KTX를 타고 광명역으로 오셨다. 나더러 참 용기 있고 멋진 삶을 일찍 시작해서 부럽다며 이야기를 꺼내놓으셨다.

"애기 엄마! 나도 한 달 살기 블로그를 보고 도전해 볼 수 있을까 싶어 연락했어요? 이 나이에도 갈 수 있을까?"
"그럼요~ 가능하시죠."

어르신은 멀리서 찾아와 여러 질문들을 던졌다. 아니 자신의 이야기를 털어놓았다. 이제는 자녀들도 다 컸고 아이들을 기다리는 여생을 살고 싶지 않다고 했다.

"아이들은 다 컸고, 이제는 품에서 떠난 자식을 바라보고 있기에는 내 삶이 너무 지루할 것 같아요."
"우와~ 그래도 아이들을 다 키우셔서 저는 오히려 부러운데요?"
"우리 부부는 젊을 때 너무 여행을 안 다녀서 그런지 장기여행을 가는 게 무서워. 그래도 지금은 꼭 가고 싶기는 해!"

"과거에 많이 못 다녔지만 앞으로 여행을 더 많이 다니시면 되지요."

"남편을 설득해야 해~ 영~ 말을 안 들어."

"흐흐흐."

어르신은 어딘가를 찍고 다니는 단기여행보다는 이제는 여유롭게 한 달 동안 느긋느긋 지내는 일상을 보내다가 오고 싶다고 했다. 또한 연세가 있어 단기관광을 하기에는 힘이 부친다는 이야기도 하셨다.

"나이가 있어서 새로 도전하는 게 무서운 생각도 많이 들고."

"어르신, 저도 어린아이 둘을 데리고 다니면서 사건, 사고, 질병에 노출이 될까봐 늘 노심초사 한답니다. 하지만 그런 일은 일상에서도 늘 생기는 일이지요."

"나만 괜히 걱정하는 게 아니군요?"

"그렇지요? 여행 가기 전에는 모두 무서운 생각이 들어요. 그래도 이렇게 용기 내서 직접 이야기 들으러 오신 것만으로도 벌써 도전하신 것과 같은데요?"

"애기 엄마 이야기를 들으니 더 용기가 생기네~ 나도 꼭 도전해 보아야겠어! 고맙네!"

어르신은 한참을 이런저런 걱정과 불안을 털어놓고 가셨다. 내 블로그나 주위 지인을 통해 '한 달 살기'에 관심을 갖게 된 분들이 참 많다. 그들 중에는 한 달 살기, 세 달 살기, 일 년 살기까지 고민이 확장되다 정말 도전하시는 분들도 있다.

오늘이 나의 가장 젊은 날이다. "우리의 노년은 더 이상 삶의 마무리가 아니라, 새로운 시작인 것이다."『아직 즐거운 날이 잔뜩 남았습니다』(웅진지식하우스)에 소개돼 있는 말이다. 이 한 줄의 메시지를 기억한다면 지금 이 순간이 여행을 떠나기에 가장 좋은 때임을 알 수 있다.

내가 베트남 한 달 살기를 준비할 때였다. 아이 둘을 데리고 다닐 생각에 불안이 몰려 올 때 어르신 부부가 도보여행을 하시는 것을 보았다. 그때 나는 큰 용기를 얻었다. 나로 인해 많은 분들이 용기를 얻었으면 좋겠다. 나를 찾아오신 그 어르신도 꼭 부부여행에 성공하길 응원해 드린다.

5장

일상을 여행처럼,
여행은 일상처럼

게으른 엄마, 자립 빠른 아이

"엄마! 먼저 짐 싼 거 아래로 내릴게."

"그래~ 승호야. 부탁한다."

"엄마! 나도 오빠랑 같이 짐 내리러 갈게!"

"승희야! 엘리베이터 잡아봐!"

"응! 오빠."

오늘은 삼척 한 달 살기를 가려고 짐을 싸고 있는 날이다. 우리 가족은 짐을 지하 주차장까지 내리느라 분주했다. 나는 집에서 냉장고에 있는 식재료를 챙긴다. 그 사이 동생은 엘리베이터 잡고 형은 짐을 싣는다. 주차장까지 짐을 가지고 내려간 남매는 둘이 하이파이를 하며 눈을 찡긋한다.

"짐 나르는 거 별 거 아냐. 이 정도쯤이야, 껌이지!"

한 달 살기 여행 준비를 하는 건 쉽지 않다. 사전에 처리할 일이 한두 가지가 아니기 때문이다. 아마도 나 혼자서 이 많은 일을 준비해야 한다면, 여행은 엄두도 못 낼 일이었을 것이다. 아마도 한두 번 하고 금방 포기했을지도 모른다.

나의 한 달 살기의 가장 큰 성과로 꼽는 게 있다면, 그건 아이들의 자립정신이 아닐까? 아이들은 스스로 역할을 나누고 자기 임무를 충실히 해 낼 줄 알게 됐다. 많은 여행 준비과정을 경험했고, 여행하는 동안에도 자기가 맡은 일을 척척 처리하여 얻은 성취감이 있었기 때문이리라.

물론 매사에 엄마의 마무리 작업이 필요한 부분도 있다. 짐을 테트리스 게임 하듯 차곡차곡 체계적으로 정리하는 것은

집에 돌아와서도 스스로 척척

아직 아이들이 하기에 무리가 있다. 하지만 아이들은 자기 짐은 자신이 싸고 자기가 준비할 일은 알아서 척척 해 내고 있어 엄마의 손이 거의 가지 않는다.

만약 엄마 혼자 여행 짐을 싸고 옮기고 음식재료를 준비해야 한다면 정말 여행은 악몽이 될 것이다. 그러면 당연히 다음 여행은 계획조차 하고 싶지 않을 게 분명하다. 그런 측면에서 가족이 모두 자기 역할을 맡아 충실하게 수행한다는 게 어쩌면 여행을 지속시킬 수 있는 가장 큰 원동력일지도 모르겠다.

우리는 드디어 한 달 동안 살 삼척 집에 도착했다. 삼척 집은 우리 3명이 살기에는 좀 비좁았다. 도착해 살림용품을 살펴보니 그릇도, 수저도, 냄비도 일정 수만 있었다.

그런데 오히려 이런 점 때문에 나는 이 집이 맘에 들었다. 왜냐하면 살림살이가 심플할수록 설거지가 쌓이는 일이 없고 잡일을 하는 시간이 줄어들기 때문이다. 밥 먹고 나서 밥그릇 3개 정도만 설거지를 하면 끝이니 얼마나 편한가?

아침에 먹을 반찬이 제육볶음이면 야외에 나가서 먹을 양까지 넉넉히 준비한다. 밥도 두 배로 해서 아침밥을 먹고 남은 것을 점심 도시락으로 챙긴다.

겨울에 떠났던 삼척 여행에서 우리 가족은 유부초밥을 즐겨 싸서 먹었다. 여름이면 어디든 돗자리를 깔고 먹을 수 있었겠지만 겨울이라 차 안에서 간편하게 먹기 편했기 때문이다.

아이들은 여행을 마치고 돌아와서도 좋은 습관이 몸에 배어 자기 맡은 일을 척척 잘해 낸다. 집안 청소도 다 같이 돕는다. 엄마가 설거지하는 동안 방 하나씩 맡아서 아이들은 쓸고 닦고 빗자루 질을 한다. 한 달 살기 후 우리 아이들이 달라졌다.

알로에 마사지의 행복

"엄마! 우리 얼굴 좀 봐봐. 새까만 게 동남아 현지인 같지 않아?"

한여름 햇볕에서 그을린 우리 세 명은 서로의 얼굴을 보며 낄낄거렸다. 오늘도 남해 앞바다에 나가 우리는 스노우 쿨링을 열심히 하며 맑은 바다 속 구경도 했다. 그 영광의 흔적은 우리의 피부색이 그대로 나타났다.

"엄마가 동남아 마사지 해줄까?"

"동남아 마사지?"

"오늘 우리 태양 아래서 열심히 놀았으니까 엄마가 피부 마사지를 해 줄게!"

차가운 성질의 알로에가 뜨거워진 피부에 좋다는 말을 들었기에 정말 도움이 될지는 모르지만 일단 대형마트에서 하나 사둔 알로에 젤을 이용해 나는 아이들에게 마사지를 해 주기로 했다.

"승호랑 승희, 여기 누워 봐."

먼저 수건으로 스머프처럼 아이들의 머리카락을 예쁘게 감싸고 정리했다. 두 아이는 베개를 가지고 와 내 무릎 사이에 나란히 누웠다. 위에서 내려다 본 아들과 딸의 얼굴은 정말 새까맣다.

나란히 누운 남매는 더없이 귀여웠다. 수건으로 머리를 감싼 두 아이의 얼굴은 오목조목 눈코입이 더욱 예뻐 보였다. 아이들 얼굴을 이렇게 자세히 쳐다본 적이 있나 싶었다.

나는 냉장고에서 막 꺼낸 젤의 뚜껑을 열었다.

"좀 차가울 거야! 좀만 참아!"

"으악~ 차가워. 히히, 간지러워."

냉기가 솔솔 나는 알로에 젤 크림을 손가락으로 부드럽게 찍었다. 먼저 승호 볼에 둥글게 마사지했다. 젤은 미끄럽고 부드럽게 문질러졌다. 두 손으로 승호 팔을 들어 올려 근육 마사지처럼 쭉쭉 눌러주며 미끈미끈 마사지를 해주었다. 아들 얼굴에 젤 마사지를 시작하자 딸은 호기심 가득한 얼굴로 오빠

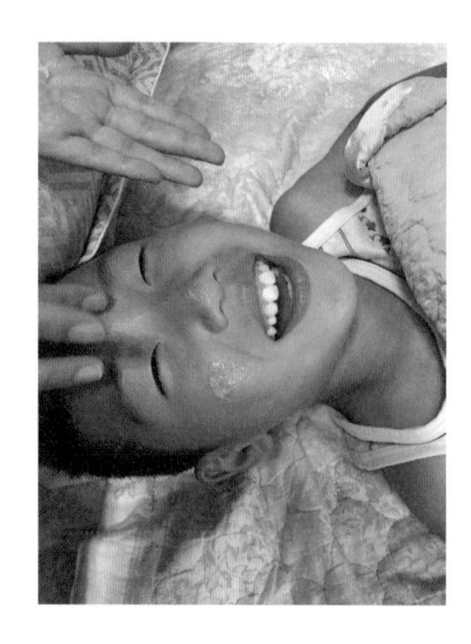

남해 한 달 살기에서-
우리끼리 마사지샵

에게 묻는다.

"오빠? 차가워? 얼음 같아? 뭐 같아? 동남아 마사지 맞아?
아들은 웃음을 찾으며 이렇게 대꾸한다.
"근데 나는 동남아 마사지를 안 받아봐서 잘 모르겠는 걸!"

승호의 얼굴, 목뒤, 팔, 다리, 발까지 젤 마사지를 하고는 다음에는 승희까지 똑같은 방식으로 마사지를 마쳤다. 낄낄낄 웃고 장난치며 마사지를 끝내자 이번에 아이들이 엄마에게 마사지를 해주겠다고 했다.

"엄마! 이제 우리가 해줄게. 엄청 시원해."

"진짜? 알았어. 누울게."

"지금 동남아 순회마사지를 막 마치고 돌아온 승호와 승희가 엄마를 마사지합니다."

신난 남매는 내 머릿결을 수건으로 정돈하고는 베개를 주면서 누우라고 한다. 나는 편안하게 누었다. 금세 시원한 알로에 향과 촉감이 느껴졌다.

아이들의 보드라운 손과 알로에 젤이 얼굴에 닿자 기분이 좋았다. 정말 근육이 풀어지는 듯 느껴졌다. 아이들에게 마사지를 다 받다니? 정말 아이들이 엄마에게 감동을 주는 날이었다.

아마도 서울 집에서라면 이런 여유를 부리기가 힘들었을 것이다. 왜 이곳에서는 이런 마시지의 행복이 가능한 걸까? 이곳에서는 내가 꼭 챙길 살림이 없다. 시간도 넉넉하다. 그건 마음의 여유 때문이었다. 그 후로도 아이들은 종종 엄마에게 마사지를 해주는 센스쟁이가 되었다.

두 아이와 여행, 버겁지 않나요?

사람마다 쓰는 에너지가 다르다. 하루에 쓰는 에너지를 100이라고 놓는다면 나는 일하는 에너지 30%, 육아 30%, 집안일 30%, 기타 10% 정도로 사용한다. 나의 에너지는 대충 이 정도로 분배하여 쓴다. 물론 그날그날 에너지의 분배율이 달라지기는 하지만 말이다.

그런데 만약 그 분배가 조화롭지 못하면 어떨까? '번 아웃(burn out)'이 되고 말 것이다. 실제로 나는 일을 하는 에너지가 50%인 날엔 육아에 에너지를 1도 못 쓴 적도 있었다. 내가 쓰는 총에너지는 한정돼 있다. 그러니 더 늘릴 수 없다. 잘 분배하여 효율적으로 사용해야 한다.

한 달 살기 여행에 가면 에너지 분배는 확 달라진다. 훨씬 효율적으로 변한다. 육아 50%, 집안일 10%면 끝. 나머지 40%는 온전히 나에게 집중하도록 배분할 수 있다.

사오예는 『나의 최소주의 생활』에서 미국 오바마 대통령의 말을 들려준다.

"제가 회색이나 남색 정장을 자주 입는 건, 옷 고르는 데 드는 열정과 시간을 아껴 더욱 중요한 정책 결정을 하기 위해서입니다."

맞다. 우리는 모든 것을 다 뛰어나게 잘할 순 없다. 모든 것에 다 에너지를 쏟을 수도 없다. 성공한 사람일수록 일을 심플하게 관리하고 시간과 에너지를 효율적으로 배분한다고 알려져 있다. 불필요한 일에 신경을 쓰지 않으니 의미 있는 일에 온 정신을 집중할 수 있을 것이다.

나 또한 한 달 살기에서는 불필요한 일에 에너지가 낭비되지 않고 온전히 아이들과 나에게만 집중할 시간을 갖고자 한다. 당연히 집이 넓으면 살림살이도 많아지고 불필요한 에너지를 낭비하기 쉽다. 집 청소, 빨래, 설거지… 집안일은 끝이 나지 않는다. 치워도 티가 나지 않는 것이 집안일이다.

한 달 살기에서는 살림이 간소하다. 자연스럽게 내 에너지는 남아돈다. 내 관심사에 온전히 집중할 수 있는 시간을 확보할 수 있다. 주위에서 '두 아이 데리고 버겁지 않냐?'는 질문을 많이 받지만, 나는 전혀 힘들지 않다. 그 이유는 바로 내가 가진 총 에너지량을 가장 효율적으로 배분해 사용할 수 있기 때문이다.

한 달 살기 여행에서 나는 아이들과 좋은 관계를 맺는 에너지도 넘친다. 서울 생활에서는 이미 외부활동을 하며 에너지를 다 쓰기 때문에 집에 돌아오면 아이들을 다룰 에너지가 남아 있지 않다.

요리를 할 때도 가령 "흘리지 않게 하자!"고 부드럽게 말할 수 있는 것은 에너지가 있어서다. 에너지가 없다면 분명 "흘리

김치볶음밥 만드는 아들

지 말라고!"라고 소리를 지르고 말 것이다.

아이들이 실수를 하면 부드럽게 넘기고 때론 바른 행동을 하도록 안내하고 필요하면 마음을 다해 칭찬을 해주는 것은 모두 에너지가 남아 있어야 가능하다.

한 달 여행에서는 노력하지 않아도 자연스레 에너지가 충분히 남아 아이들에게 쓸 수 있다. 나에게 한 달 살기는 나의 에너지를 온전히 아이들과 나한테 집중하는 시간이다. 한 달 살기 여행에선 저절로 그렇게 된다.

여행은 출장 육아가 아니다

우리는 여행지에서 각자의 역할을 정확하게 나눈다. 여행에서 잊어서는 안 되는 절대 원칙 중 하나는 엄마가 식모가 되지 않는 것이다. 숙소에 도착한 첫날, 아침밥을 먹으며 우리는 둘러앉아서 자연스럽게 당번을 정한다.

"엄마! 우리 당번 정해야지?"

"그래."

"나는 아침 밥 당번!"

"나는 밥상 치우기 당번!"

아침에 일찍 못 일어나는 엄마 덕에 아침 밥 당번은 첫째 아들이다. 큰 아이가 8살이 되던 양구 한 달 살기 때부터 이미 라면 정도는 잘 끓여 동생과 나누어 먹기 시작했다. 설거지는 돌아가면서 하기로 했다. 오늘 아침은 첫째가 설거지 당번, 내일 아침은 둘째, 나는 점심에 나가서 먹은 도시락 통과 저녁 설거지를 맡기로 했다.

많은 분들이 나에게 이런 질문을 던진다.

"아이들과 함께 가면 한 달 동안 식모 역할을 해야 하는 것 아닌가요?"

그러나 나는 명쾌하게 답한다.

"전혀 그렇지 않아요. 각자 역할분담이 잘 돼 있기 때문이에요."

여행은 자기 삶의 주인이 되는 연습이다. 주인이 되는 건 자기 권리와 의무와 역할을 정확하게 아는 것이다. 여행을 통해 자신의 몫이 있다는 걸 터득한 우리 아이들은 스스로 해 내는 일들이 많아졌다. 이 때문에 나는 여행지에서도 별로 힘들지 않다.

여행을 시작할 때 '규칙 정하기'를 놓치는 분들이 많다. 하지만 성공여행을 위해서는 역할분담이 필수이다. 그래야만 한 사람만의 힘듦이 사라진다.

베트남 여행의 경우 단 한 번도 내가 아이들 양말이나 옷을

삼척 한 달 살기-
스스로 설거지 중

빨아 준 적이 없다. 오히려 내 양말을 빨아 준 건 아이들이었다. 아이들도 한두 번 해본 솜씨가 아니라서 빨래를 나보다 더 잘한다.

삼척 여행에서도 가져온 겉옷은 3벌뿐이었다. 모두 빨아도 3개고 빨래 널기에도 어려움이 없다.

아이들이라도 자신의 몫은 자신이 알아서 하고 공동의 일을 서로 돕자는 게 우리 여행의 대원칙인 셈이다. 무얼 해 먹을지 생각하고 같이 시장에 가서 재료를 고른다. 집에 와서 같이 손질하고, 같이 요리한다. 같이 집을 청소하고, 함께 물건을 정리 정돈한다. 어쩌면 이것이야말로 진짜 모두 행복한 여행의 정답이리라.

“애들아, 이거 한 번 해 볼래?”

“승호야! 마늘을 까줄 수 있어?”

“승희야! 이거 볶아야 하는데 한번 볶아볼래?

아이들은 자연스레 주방에 들어와 자기 역할을 한다. 엄마가 그저 ‘밥 해 주는 사람’이 아니라는 것을 자기 몫을 하면서 분명히 깨닫게 된다.

아이들은 집 밖을 나갈 때면 굳이 시키지 않아도 과일과 물을 알아서 챙기고, 지도를 보며 어디부터 가면 좋은지도 스스로 결정한다.

한 달 살기는 아이들이 결정하여 실행하니 자립심을 키우는데 엄청난 도움을 준다. 자그마한 일부터 스스로 해보는 것, 그것이 한 달 살기를 하면 얻을 수 있는 큰 성과 중 하나다.

“엄마, 엄마는 나를 정말 많이 믿는 것 같아.”

승호가 어느 날 말했다.

“왜 그렇게 생각하는데?”

나는 물었다.

“엄마는 어릴 적부터 남들이 안하는 걸 나한테 막 시켰잖아.”

"엄마가 어떤 걸 시켰지?"

"혼자 버스 타고 가기, 부엌칼 사용하기, 혼자서 라면 끓이기 등등."

"그래서 힘들었니?"

"아니, 난 좋았어. 친구들과 여행을 할 때도 남들이 안 해 본 걸 내가 잘 하니까 주위에서 칭찬도 많이 해주었어. 무엇보다 엄마는 나를 엄청 믿는 것 같아서 기분이 좋았어."

맞다. 지금 5학년인 승호는 초등학교 1학년 때부터 혼자 버스도 타고, 요리도 직접 하고, 밥도 혼자 챙겨 먹었다. 어릴 때는 주의사항이나 사용법을 알려 주었지만 이젠 어른만큼 능숙해졌다.

어느새 나는 승호가 자신은 물론 동생까지 챙길 수 있다는 믿음까지 생겼다. 그런 믿음 아래 자란 아이라 더 자신감 있는 아이로 자라는 것 같다.

예전에는 매일 아침 나 혼자 싸웠지만 지금은 서울 집에서도 내가 할 일은 거의 없다. 승호는 아침에 깨워만 주면 손 갈 일이 거의 없다. 알아서 씻고 밥 먹는다. 오늘 수업이 무엇인지 준비물까지 완벽하게 챙겨서 시간 되면 학교에 간다.

아이들은 대안학교라 매우 복잡한 스케줄을 갖고 있다. 월은 학교, 화수는 산으로, 목은 유도활동, 금은 외부활동을 많이 한다. 이 모든 걸 엄마는 매일매일 체크하지 못한다. 알아서 척척 하는 아들이다.

물론 처음부터 우리 아이들이 스스로 잘했던 건 아니다. 여행을 통해 충분히 체험했기 때문이다. 즉, 연습된 것이다. 아마 아이들에게 어릴 적부터 내가 적당한 역할을 나누어 주지 않았다면 아이들도 자립정신을 가지지 못했을 것이고, 나 역시 힘들었을 것이다.

한 달 살기 여행에서 가장 중요한 건 한 사람이 일을 도맡아선 안 된다는 것이다. 특히 엄마가 힘들지 않아야 한다. 그래야 다시 여행을 가볍게 떠날 수 있기 때문이다.

'이 물고기 이름이 뭐라고?' 자기 주도 학습 여행

남해로 한 달 살기를 하러 갈 때였다. 짐을 싸고 있는 아들 승호가 『물고기 도감』이라는 엄청 두꺼운 책을 싸고 있었다.

"승호야! 엄마는 짐을 줄이고 싶은데 『물고기 도감』 너무 크니까 빼자!"
"안 돼. 엄마."
"그 책은 너무 두꺼워! 짐이 너무 많아지잖아."
"그래도 나한테 꼭 필요해."

결국 승호는 책을 챙겨 왔다. 우리는 매일같이 바닷가에서 나가서 놀았다. 스노우 쿨링으로 물고기를 구경하고 실컷 놀고는 숙소로 들어와 승호가 가장 먼저 하는 일은 바로 그 물고기 도감 책과 작은 수첩을 꺼내는 일이었다. 그리고는 오늘 본 물고기의 생김새와 이름을 쓰고 그림도 그렸다.

"엄마, 오늘은 돌돔 발견했어."
"정말? 봐봐."
"엄마, 여기 줄무늬가 있는 물고기를 봐."
"승호야! 이거 줄돔 아니야?"

"엄마, 줄돔이라고 하긴 하는데. 이 물고기의 정확한 이름은 돌돔이야."

승호는 내가 모르는 물고기 이름도 다 알고 있었다. 누가 시키지 않았는데도 책에서 찾고 스스로 지식을 채워갔다. 수첩에는 '승호의 물고기 도감'이라고 적혀 있었다. 이런 것이 자기 주도적 학습이 아닌가? 괜히 물고기 도감을 챙길 때 빼라고 했던 내가 미안한 마음이 들었다.

베트남 한 달 살기를 갔을 때였다. 나는 베트남어보다는 조금 더 익숙한 영어를 하고 다녔다. 그렇지만 베트남에선 영어를 모르는 사람이 많았다.

베트남에 간 지 3일쯤 되자, 승호는 내가 미리 조금 번역해 온 베트남 기초생활 회화를 자기 수첩에 꼼꼼히 적기 시작했다. 어느 날 여행지에서 나는 베트남 사람에게 화장실이 어디냐고 영어로 물었다.

"왜얼 아유 토일렛? 레스트 룸?"

영어를 전혀 모르는 베트남 사람은 고개만 갸우뚱한다. 그때 옆에 있던 승호가 말했다.

“냐베신 어더우?”

승호가 와서 베트남어로 말을 하니 그는 이내 화장실을 알려주었다. 승호가 엄마보다 더 뛰어나게 회화를 활용한 것이다.

아이들은 자신이 정말 궁금하고 꼭 필요하다고 느낄 때 자기 주도 학습을 하게 된다. 승호에게 앞으로 수많은 문제나 어려움이 닥칠 때 스스로 문제를 해결해 나갈 것이란 강한 믿음이 생겼다.

추운 겨울에는 뭐하고 놀아?

나는 우리나라에 사계절이 있다는 사실이 정말 감사하다. 벚꽃엔딩이 생각나는 봄, 눈부시게 반짝이는 바다를 볼 수 있는 여름, 알록달록 수놓은 듯한 가을 산, 특히 눈이 오는 멋진 겨울 산, 계절마다 그림 같은 풍경을 우리에게 선물한다.

사계절 여행이 나름 특성이 있고 좋지만 겨울은 좀 더 준비가 필요하다. 겨울은 춥다. 바깥 활동이 쉽지 않다. 그래도 우리는 겨울 한 달 살기 여행 동안 숙소에서만 있지 않는다. 매일같이 눈놀이나 얼음놀이 등 놀거리를 끊임없이 찾아 나선다. 겨울방학 양구 살이 때 일이다.

"승호야! 오늘도 썰매장 갈까?"

"엄마 콜콜! 당연하지!"

근처에 얼음 썰매장이 개장을 하여 매일같이 우리는 출근도장을 찍고 있었다.

"점심은 오랜만에 컵라면으로 먹자."

"앗싸!"

"오빠, 우리 엄마 진짜 예쁘지?"

"이럴 때만 엄마가 예쁘지? 이 녀석들~"

"낄낄낄."

사실 이곳 눈썰매장은 매우 특별한 곳이다. 군인 아저씨들의 동계훈련장이기 때문이다. 정말로 엄청 큰 현수막에 몇 사단 동계훈련장이라고 적혀 있었다. 다행히 겨울철에 민간인에게 무료로 놀이시설을 개방하여 우리도 출입할 수 있게 된 것이다.

이곳은 주말에 남편이 와서 인제에 있는 원대리 자작나무숲을 다녀오다가 내가 발견한 곳이다. 사실 양구에 살고 있는 친구도 모르던 이곳을 내가 여행하다가 발견하게 돼 정말 기분이 좋았다.

첫 번째 한 달 살기 – 강원도에서

"너 대단하다. 나도 모르는 무료 눈썰매장을 찾아내다니."
"그치? 여행이란 숨어 있는 보석을 찾아내는 요런 맛이지."

이곳은 스케이트장과 얼음썰매장 두 군데로 설치돼 있었다. 군인 아저씨들이 한쪽에서는 썰매를 종류별로 멋지게 만들고 있었고 비닐하우스에서는 붕어빵을 만들어 팔고 컵라면도 팔았다. 의무병 군인도 보였다. 군인 아저씨들은 매일같이 놀러 오는 우리 아이들과 꽤 친해졌다. 군인 아저씨가 딸 승희에게 물었다.

"안녕! 넌 집이 어디니?"
"서울."
"엥? 서울이라고? 근데 어떻게 이렇게 매일 와?"
"진짜, 서울이야."
"그럼 주소 좀 말해 봐!"
"엄마가 주소를 함부로 알려주면 안 된다고 했어요."
"주소는 아는 거지?"
"응."
"서울인데 매일 여기 어떻게 오니?"
"한 달 살기 여행 왔어."
모든 군인 형들이 다함께 외쳤다.

"우~와 한 달 살기, 대단하다."

당시 겨우 6살밖에 안 된 승희가 주소를 외울 리가 없었다. 모르는 주소를 알려 주면 안 된다는 핑계를 대는 깜찍한 모습에 나는 그만 웃음이 빵 터지고 말았다. 아이들은 매일매일 이곳에 놀러와 군인 아저씨들과도 친해지고 썰매와 스케이트도 함께 즐겼다.

강원도 겨울은 '서울보다 훨씬 춥겠지'라고 많이 생각할 수 있지만, 실제로 낮 시간엔 따뜻한 햇볕이 있어서 그런지 별로 추운지도 모르고 놀았다.

나는 한국의 정취가 있는 겨울여행이 참 좋다. 정적인 것과 동적인 것이 공존하기 때문이다. 추위를 뚫고 열을 발산하는 에너지를 동시에 즐길 수 있는 우리의 겨울여행을 사랑한다. 진정한 여행은 추운 겨울을 뚫고 가는 여행이란 생각을 하게 됐다.

제주도 앞바다에서 돌고래 떼를 만난 날

"엄마! 엄마! 돌고래 체험 가고 싶어!"

"쇼를 해야 하는 돌고래에 대해 한번 생각해 보고 결정하면 어떨까?"

"흥~ 돌고래 보고 싶은데."

"우리 승희는 동물을 엄청 사랑하니까, 동물이 어떻게 지내면 더 행복한지도 알지?"

"그렇긴 하지. 돌고래는 바다에서 살아야 할 텐데. 갇혀 지내는 건 나도 싫어."

제주도에 가면 관광 안내지가 많다. 홍보지에 나오는 흔한 사진 하나는 돌고래 체험이다. 그런데 이런 곳은 나의 여행방식과 잘 맞지 않다. 난 있는 그대로의 자연을 좋아한다.

하지만 아이들은 아직 어리니 나와 좀 생각이 다르다. 우리 아이들도 그 홍보지 사진들이 모두 새롭고 궁금하다. 돌고래를 직접 만져도 보고 함께 물에서 놀기도 한다니. 당연히 아이들은 가보고 싶을 것이다.

그러나 우리는 제주도를 오기 전에 한 가지 약속한 게 있었다. 그동안 각자 모은 용돈으로 체험비나 입장료는 각자 내기로 한 것이다. 그리고 동물보호 차원에서 동물학대라고 생각

되는 체험을 하지 않기로 했다.

돌고래 쇼 비용은 생각보다 비쌌다. 몇 만 원에서 몇 십 만 원까지 좌석 위치에 따라 다양했다. 무엇보다 훈련받을 돌고래가 안쓰럽게 느껴졌다. 결국 가족회의를 거쳐 돌고래 쇼 체험장은 가지 않기로 했다. 하지만 그렇다고 돌고래 보기를 포기할 내가 아니다. 제주 바다에 돌고래가 자주 출몰한다는 이야기를 얼핏 들은 적이 있어 관련 인터넷 카페에 들어가 한참 정보를 검색해 보았다.

노을 해안도로에 있는 대정마을에 가면 돌고래가 자주 보인다는 것이다. 그곳은 양식장이 많아 먹을 것이 풍부하기 때문에 돌고래 출몰지역으로 알려져 있었다.

"돌고래가 가까운 바다에서 자주 보인다는데 한 번 가 볼래?"

"우와! 정말?"

그러나 이내 딸은 믿지 못하겠다는 듯 되물었다.

"엄마! 거짓말! 바닷가에서 어떻게 돌고래를 볼 수 있어? 말도 안 돼!"

아들도 거들었다.

"엄마가 괌에 갔을 때도 배 타고 엄청 멀리 나가서 봤다며?"

"맞아!"

그래도 우리는 속는 셈치고 한 번 가보기로 결정했다. 인터넷 카페 사람들의 이야기에 따르면 날이 흐린 날은 잘 보이지 않으니 피하고 아주 맑은 날 가라고 권했다. 우리는 날씨 좋은 날을 골라 노을 해안도로를 내비게이션에 찍고 돌고래 찾기 여행길에 나섰다.

제주 해안도로를 드라이브하는 그 자체만으로 정말 좋았다. 제주도에 와서 처음 자동차로 달려보는 해안도로는 입이 다물어지지 않을 정도로 아름다웠다. 특히 도로에서 바라본 에메랄드 바다는 수평선이 하늘과 맞닿아 있었다. 검은 현무암 바위가 가득한 바다 아래를 내려다보면 여기가 '한국인가?', '해외인가?' 하는 생각이 절로 들 정도로 기이한 장관이 펼쳐졌다.

우리 차는 거북이처럼 엉금엉금 천천히 달리며 해안가와 바다를 구경했다. 아이들에게 돌고래를 보여주러 가는 길이란 것도 까맣게 잊어버릴 정도였다.

차를 조용한 곳에 세웠다. 낭떠러지 같은 검은 현무암이나 바위 앞에서 우리는 사진을 찍었다. 내가 제주도를 너무 낮게 평가했지, 이런 생각이 들어 제주도에 잠시 미안했다. 바다와 하늘에 흠뻑 젖었던 나는 차를 다시 천천히 몰았다. 그러던 중 맞은편 바다 위에 점프하는 무언가가 눈에 들어왔다.

"승호야! 승희야! 창문을 봐!"

"저거 돌고래 아냐?"

저기 바다에 정말 돌고래가 위로 뛰어오르고 있었다. 6마리는 되는 것 같았다. 우와! 이렇게 가까이서 돌고래를 볼 수 있다니. 우리 차와 비슷한 속도로 나란히 돌고래들이 헤엄쳐 나아가고 있었다.

나는 차를 조금 빨리 몰아서 돌고래 떼 앞쪽에 세웠다. 우리는 바닷가 바위 가까이 나가서 저 멀리 헤엄쳐 오고 있는 돌고래를 맞이했다.

"우와~ 엄마, 진짜 돌고래야!"

탄성이 절로 나왔다.

"돌고래가 엄청 천천히 가."

"점프도 해!"

"우와! 진짜 저 뒤에 또 오고 있어."

"돌고래를 만나면 행운이라는데, 우리 진짜 행운아인가 봐."

돌고래는 한 마리가 앞질러 가고 있고 그 뒤로 또 몇 마리씩 계속 오고 있었다. 우리는 바다 가까이 있는 바위에 올라갔다. 그곳에선 돌고래들을 좀 더 자세하게 볼 수 있었다. 돌고래를 이렇게 코앞에서 만나다니.

한 달 살기는 놀라운 행운을 우리에게 가져다 주었다. 아마도 짧은 여행이었다면 우리는 지금 유명관광지나 돌아다니며 사진을 찍고 있었을 것이다. 여유롭게 '오늘 안 보이면 다른 날 또 오지' 하는 마음으로 왔는데, 이런 행운이 우리를 기다리고 있을 줄이야.

다른 차들에서 사람들이 내렸다. 우리 아들은 그 사람들에게 달려가 '저기 바다에 돌고래 떼가 나타났다'고 알려주었다.

"저기 돌고래 있어요!"

"정말? 어디?"

승호는 멋진 돌고래 떼를 혼자 보기가 아까운 모양이었다. 나도 난생 처음 돌고래를 직접 봤다. 사람들은 아들이 가르쳐준 곳에서 정말 돌고래 떼를 발견하고 환호성을 질렀다. 어떤 분은 이렇게 말했다.

"어제 돌고래 쇼를 실내에서 보고 왔는데 여기 쇼가 훨씬 멋지다."

이 말에 승호는 어깨에 뽕이 한 가득 들어간 듯 으쓱거리며 뿌듯해 했다.

"엄마! 여기 데리고 와줘서 고맙습니다."

자연이 주는 대단한 선물. 이 선물을 공짜로 받아 든 우리 가족. 행복했다. “여행의 가치는 목적지에 닿아야 행복해지는 것이 아니라 여행하는 과정에서 행복을 느끼는 것이다.”(앤드류 메튜) 우리들의 여행 이야기에 다름 아니다.

돌고래들이 또 오려나? 우리는 저 멀리 돌고래 떼를 보내고도 한참 동안 바위에 앉아서 바다를 실컷 즐겼다.

6장

내 일상 가치관을 바꿔 준 여행, 그 비밀은?

달라진 교육관, 거침없는 아이로 키우자!

내가 보기에 어릴 때 승호는 '겁이 많은 아이'였다. 다른 아이들이 노는 곳에는 절대 가지 않았다. 처음 들어간 유치원에서도 친구들과 관계 형성이 잘 안 되는 겉도는 아이였다.

그러던 승호가 2학년 때부터 급속도로 성격이 변하기 시작했다. 또래 친구들에게 먼저 다가가 함께 놀고 혼자 버스도 타고 다니고 엄마에게 맛있는 요리를 자주 선사해 주기도 했다.

외발자전거 대회에 출전해 금메달도 받고, 우쿨렐라를 학교 형들 어깨너머로 배워 수준급으로 연주했다. 어느새 승호는 자기표현도 잘하고, 하고 싶은 것도 많고, 꿈도 야무진 아이로 성장했다.

"엄마, 카약 타러 언제 가?"
"응. 오늘 가는 날이네."

남해 한 달 살기 여행 때였다. 남해 바다마을학교에 참가하여 카약을 체험할 수 있는 기회를 얻었다. 아마도 유료 체험이었다면 엄두도 못 냈을 텐데, 마침 남해 홍보 차원에서 무료사업이 진행됐다.

아이들은 서둘러 수영복을 입고 가장 빨리 체험 장소에 도착했다. 우리가 도착한 곳은 남해의 작은 마을 중에 하나인 두모마을이었다.

하나둘씩 모인 아이들은 준비체조를 시작했다. 체험에 참가한 아이들은 두모마을 선생님의 지도에 따라 열심히 몸을 움직였다.

“옆에 있는 아이랑 짝꿍을 만들어 봐. 등을 대고 손을 깍지를 끼고 이렇게 따라해 봐.”

“네! 네!”

아이들 중 가장 큰 목소리로 대답하는 건 늘 우리 남매다. 다른 아이들은 아직 어색해서인지 다른 아이와 짝이 짓는 것을 멈칫거렸다. 그러나 우리 남매는 유난히 씩씩했다. 주변 아이들에게 스스럼없이 다가가 인사했다.

“우리 카약 같이 탈래?”

“그래 좋아.”

준비운동과 안전사고 교육을 다 받은 아이들은 짝을 지어 카약을 타는 곳으로 갔다. 바다로 들어가는 입구는 파란색 플라스틱 바닥길이 쭉 늘어져 있었다. 그 길을 따라가 아이들은 조를 짜 차례로 카약을 탔다. 카약을 탄 친구를 기다리는 사이 다른 아이들은 바다에 뛰어 들어 다이빙 놀이를 했다.

대부분의 아이들이 남해 현지 아이들이었다. 우리 아이들은 현지인 아이들과 함께 정말 잘 어울리며 놀았다. 그냥 다이빙을 하는 아이들 사이에 승호는 공중회전 다이빙을 했다. '거침없다'라는 말은 정말 이럴 때 써야 하지 않을까 싶었다.

승호는 다이빙을 하고 빨리 빠져 나오지 못한 아이들을 위해 아래에 내려가 한 명 한 명 손을 잡아주었다. 어느새 아이들이 서로 부딪치지 않도록 다이빙 순서도 정하고, 겁이 많은 아이들은 우선 지켜보라며 안전한 위치에 안내했다.

"위에서 다이빙을 하고 있으니 여기 있으면 위험해~ 내 손 잡아! 올려줄게."

"얘야! 너 옆으로 얼른 가~ 위험해."

"무서우면 옆에 나와서 좀 지켜보고 결정해."

마치 소년 안전 요원 같았다. 매년 여름이면 바다에서 살다시피 하며 터득한 물놀이의 지혜일 것이다. 엄마로선 승호가 아이들을 이끄는 모습에 그저 감탄사가 나올 뿐이다.

경제학자이자 저술가 오마이 겐이치는 『오프(off)학, 잘 노는 사람이 성공한다』(에버리치홀딩스)에서 다음과 같이 말했다.

"짐승의 발자국이나 나무가 깎인 방향을 보고 앞으로 나아갈 것인가, 뒤로 물러설 것인가? 만약 앞으로 나아간다면 어느 방향을 선택할 것인가를 그 자리에서 판단해야 한다."

그런 현명한 선택과 판단이 하루아침에 생길까? 그렇지 않을 것이다. 요즘 부모들은 안전한 장소에서만 놀게 한다. 나는 아무런 위험이 없는 놀이만을 권장하는 건 오히려 의사결정의 힘을 약화시킨다고 믿고 있다.

다행히 한 달 살기에서 무장한 우리 아이들은 어느새 진취적인 모습으로 변해 있었다. 언제나 도전적이다. 우리 남매가 상황판단이 빠른 이유는, 아무래도 여행을 다니며 위험이 잠재된 자연 속에서 어려움을 극복하며 놀았던 경험들이 차곡차곡 쌓여왔기 때문일 것이다.

말로 가르치는 교육이 아니라 경험이 최고의 교육이다. '거침없는 경험'이야말로 판단력을 기르는 최고의 해답이 아닐까? 이것이 어릴 때 소심하고 찌질했던 승호가 거침없는 성격으로 변한 성장기다.

자격지심으로 가득 찼던 나

돌아보면, 나는 '자격지심'이라는 단어를 가슴 한편에 키우고 살아왔던 것 같다. 우리 집보다 큰 집에 사는 친구들이 부러웠고 좋은 차를 가진 사람, 아이들에게도 신상 장난감을 부담 없이 사주는 부모들이 참 부러웠다.

"현미야! 우리 집 이사했는데 언제 한 번 놀러 올래?"

"아, 그래. 한 번 가야지! 근데 내가 요즘 바빠서 시간이 나면 연락 한 번 할게."

어느 날 친구가 집을 분양받아 넓은 집으로 이사를 갔다고 했다. 친구는 만나고 싶지만 내가 그 집에 다녀와서 얼마나 소외감이 들까? 하는 생각 때문에 초대를 받았음에도 바쁘다는 핑계로 가지 않은 적이 있었다.

지금 생각하면 그냥 나답게 살면 되는데 참 많이 남을 의식했던 것 같다. 그런데 이런 자격지심을 떨쳐버릴 수 있었던 계기가 생겼는데, 그것은 바로 한 달 살기 여행을 본격적으로 진행하면서 부터다.

한 달 살기를 하면서 다른 사람들의 삶도 객관적으로 들여다 볼 수 있는 기회가 많았고, 가장 중요하게는 나를 돌아볼 수 있는 시간을 가지게 되었다.

스티브 잡스가 하버드대학교 졸업식 축사 때 한 유명한 말이 있다. "타인의 삶을 사느라고 시간을 허비하지 마십시오." 아마 한 번쯤 들어봤을 것이다. 한때 나는 잡스의 이야기처럼 나의 가치를 바라보기보다 남의 가치를 바라보고 부러워하며 살았던 것 같다.

하지만 나는 달라졌다. 나답게 사는 것이 얼마나 의미 있고

가치 있는지 알게 된 후 나는 자격지심을 조금씩 떨쳐낼 수 있었다.

지금 나는 내가 무엇을 좋아하는지 정확히 안다. 그리고 좋아하는 것을 미루지 않고 당장 하고 있다. 우리 아이들도 마찬가지다. 자신이 하고 싶은 것이 무엇인지를 알고 그것에 도전하며 지내고 있다. 그러니 타인이나 다른 사람의 삶이 부러울 리 없다.

가끔 아이들은 이런 질문을 던진다.

"엄마! 우리 집은 빌린 거야?"

"우리는 돈이 얼마만큼 있어?"

나는 아무런 거리낌 없이 이렇게 말해준다.

"우리 집 빌린 거야. 그리고 우리는 꽤나 가난하지. 그러니까 우리는 조금 더 알뜰하게 살아가자! 음, 알뜰하게 살면 우리도 행복하고 우리가 사는 이 지구도 깨끗해지고 좋아해."

어느 날 승호가 뭔가 생각난 듯 이런 말을 했다.

"엄마! 근데 우리 집 그렇게 가난한 거 같지는 않아?"

"그래? 왜 그렇게 생각했는데?"

"응, 우리 가족은 사고 싶은 것을 다 사지는 못하지만 우리가 하고 싶은 것은 대부분 하면서 사는 거 같으니까."

하하, 바로 그것이다. 우리가 사고 싶은 건 다 못 사도, 하고 싶은 것은 무엇이든 도전하여 할 수 있다는 것이 중요하다. 아들은 자신의 삶이 꽤나 만족스런 모양이다. 지금의 나처럼 말이다.

지금은 친구들이 큰 집으로 이사를 가도 큰 차를 사도 하나도 부럽지 않다. 오히려 주위사람들이 자유로운 나의 여행 일탈을 많이 부러워하는 편이다.

"다시 태어나면 류현미 너로 태어나고 싶다."

친한 언니는 내가 가진 용기와 도전정신이 언제나 부럽다며 정말 그렇게 말해 주었다.

정말이지, 여행은 나에게 늘 추억으로 남아서 내 가슴과 머리에 자리 잡고, 어느 힘들고 지친 날 꺼내 볼 수 있는 든든한 에너지 자원이다.

내 여행을 내가 꾸리듯이 내 하루를 내가 꾸린다. 무엇이든 뚝딱 꾸릴 수 있다는 자신감이 켜켜이 쌓여서 내 삶을 꾸리는 원동력이 된다. 어느 순간 나는 남과 비교하지 않는 삶, 남을 의식하지 않는 삶, 무거운 자격지심을 내려놓은 삶을 살고 있음을 알게 됐다.

남해 한 달 살기 여행 도중 차가 고장 난 적이 있었다. 우리는 택시를 타면 비용이 많이 든다는 생각에 히치하이킹으로 남의 차를 얻어 타고 돌아왔다. 과거 같았으면 꿈속에서도 할 수 없는 나였다. 그만큼 과거의 나와 현재의 나는 많이 변했다. 남을 위한 삶도, 남들이 하는 삶도 살아가지 않는다. 난 지금의 내 삶에 만족하며 살아가고 있다.

혼자 외롭지 않을까? 관계정리 솔루션

우리 가족 두 번째 한 달 살기 장소는 제주도였다. 여행을 시작하면서 걱정되는 것이 하나 있었다. 그건 바로 나의 인간관계에 대한 걱정이었다. 나는 사람 만나는 것을 좋아해서 파티를 즐기고 주말이면 사람을 만나 노는 일이 많았다.

그런 내가 '과연 아는 사람 아무도 없는 도시에서 한 달을 버틸 수 있을까?'라는 걱정이 생긴 것이다. 지인 한 명 없는 도시, 그것도 육지가 아닌 제주 섬이다. 차 타고 편히 오갈 수 있는 거리가 아니기에 더 불안이 앞섰다.

"우리 한 달 살기 가 있으면 제주도로 꼭 놀러 와! 내가 좋은 데 있으면 사진 보낼게."

"그래."

주변 친구들에게 말은 그렇게 했지만 쉽게 올 친구는 없을 것이라고 생각했다. 그런데 반대로 생각해 보면 사람을 좋아하는 나에게 어쩌면 변화를 모색할 수 있는 좋은 기회가 될 수 있겠다는 기대감도 들었다.

실제로 제주 출발 전에 수많은 걱정이 앞섰던 나에게 제주 생활 며칠 만에 깨달음이 찾아왔다. 그동안 많은 사람을 만나면서 참 많은 에너지를 쓰고 살았던 사실을 알게 되었다. 만날 사람이 없고 사람을 안 만나니까 신경 쓸 것도 없고 갈등이 생길 일도 없고 스트레스나 속앓이를 할 것도 없었기 때문이었다.

뇌에 복잡하게 엉킨 실타래가 스르르 풀어지는 느낌이랄까? 나는 '많은 사람들과 관계에 사로잡혀 너무 거기에 집착하고 살았구나!'를 새삼 느꼈다.

인생의 숙제를 이렇게 간단하게 풀 수 있다니, 내 딴에는 정말 놀라웠던 깨달음이었다.

아이들과의 관계에도 변화가 시작됐다. 아이들과 하는 대화도 이전에는 거의 일방통행 식이었다. 그런데 한 달 살기를 하면서부터 의외로 초등학교 저학년인 아이들과 대화하는 게 참 재미있다는 걸 알게 됐다.

"엄마, 나는 친구들 중에 누가 가장 편한 줄 알아?"

"누굴까?"

"비밀인데 엄마한테만 말해 줄게~"
"오, 영광인데!"

아이들과 하는 이런 '밀당 대화'는 고소하고 재미있다. 여행지에서 우리는 참 많은 대화를 나눈다. 제주에서 아이들과의 대화는 단순하지만 우리 가족을 좀 더 알아가는 시간이다. 쌍방향 대화는 서로에게 에너지를 준다. 그것이 너무나 감사하다.

도시에선 시간이 나면 나는 아줌마들과 수다를 떨었다. 그 시간이 잦으면 잦을수록 갈등도 생기고, 그러다 남을 점점 더 의식하게 되고 내 삶까지 남을 의식하며 살게 된다. 나는 집에 와서 '내가 또 괜한 말을 했나?'라는 후회를 하며 쓸 데 없는 에너지를 낭비하곤 했다.

물론 여행지에서도 좋은 만남은 있다. 집에서 쉬는 날이면 옆방에 계신 분들과 함께 모여 커피를 마시며 담소를 나누기도 한다. 가벼운 만남과 적당한 선이 있는 만남이라 부담도 없고 편하다. 여행지에서 만난 사람들은 대부분 좋은 분들이었다. 여행이라는 카테고리 안에서 만나서일까? 관심사나 공유하는 부분도 참 많다. 그래서 처음 만나도 대화가 잘 통한다. 여행을 많이 다니고 새로 만나는 과정에서 이젠 처음 보는 사람과 제법 많은 대화를 나눌 수 있게 됐다.

여행지에서의 만남은 곧 이별을 의미하기도 한다. 얼마 있지 않아 헤어져야 하지만, 그 스쳐가는 인연이 한편으로 참 매력적이다.

그러고 보면 우리가 일상에서 가장 많이 트러블이 생기는 사람은 가장 가까이 있거나 자주 만나는 사람 때문인 경우가 많다. 우리는 늘 만나는 사람과 상처를 주고 상처를 받는다.

정문정 님의 책 『무례한 사람에게 웃으며 대처하는 법』(가나출판사)에서는 "관계에 지나치게 집착하지 말고, 자신을 잘 살피며 소중히 여기라!"라고 주문한다. 적당한 관계의 선을 지키는 만남이 나를 건강하게 만든다는 이야기다.

사람을 좋아하던 나는 여행을 통해 '그동안 너무 관계에 집착하지 않았는지'를 생각하며 나를 돌아보는 시간을 가졌다. 인간관계도 적당한 선을 유지하는 것이 좋다는 걸 배운 제주살이였다.

미니멀한 집은 나의 삶에 풍요를 준다!

삼척으로 한 달 살기를 떠나기 전 나는 남편에게 "자기야! 애들 입을 만한 옷이 너무 없어! 이번 주말에 옷 좀 사러 가야겠어."라고 말했다. 물론 옷을 사러 나갈 시간이 없어서 가지는 못했다.

그 후 3일이 지나 한 달 살기 준비를 위해 나는 짐을 챙겼다. 겨울 한 달 살기를 떠날 때 겨울 옷을 두 벌씩 챙긴다. 그런데 이를 어쩌나! 서랍에는 겨울옷이 너무 많아 도저히 두 벌을 고르기가 힘들었다.

3일 전 입을 옷이 없어 새 옷을 사야 한다고 말했던 나는 누구였던가? 내가 생각해도 웃겼다. 나는 고민 끝에 옷 두 벌, 신발 두 켤레, 그리기 도구, 책 몇 권, 냉장고는 털어서 이것저것 요리재료들을 가져간다. 그렇게 한 달 살기 숙소에 도착하여 옷은 행거에 걸고 냉장고를 정리한다.

숙소에는 그릇이 세 개, 수저도 세 개, 큰 냄비는 하나, 프라이팬도 하나, 그리고 이불, 이 외에는 어떤 물건도 없다. 이런 간단한 살림에서 출발하여 한 달을 지내다 보면 필요한 것들이 생긴다. 고춧가루통도 생기도 수저통도 생기게 마련이다. 하지만 특별히 새로 구입하는 경우는 거의 없다. 물통을 잘라 수저통으로 사용하고 다 먹은 과자통은 고춧가루통으로 활용한다. 그래도 한 달을 아무 불편 없이 살 수 있다. 없으면 없는 대로 재활용하며 산다. 그러다 보니 당연히 집안 일이 확 줄었다. 수저나 그릇도 미니멀이니 설거지 거리도 적다. 옷도 없으니 빨래도 어렵지 않고 방안에 물건이 없으니 치울 일도 없다.

물건이 없는 집에서의 생활은 정말 단순하다. 생활의 단순

함은 내 마음까지도 단순하게 만들어준다. 그만큼 삶에 여유가 생겨 더 풍요로워지는 것이다.

여유가 생기고 생활이 단순하니 아이들은 쉽게 살림을 거들 수 있다.

"엄마, 빨래 다 널었어!"

"우와! 엄마도 부엌 정리 다 했어."

이렇게 우리는 서로 도와가며 순식간에 집안 정리가 된다. 좋은 일의 선순환이다. 그렇게 한 달을 지내고 우리 집으로 돌아온 날 나는 충격에 빠지고 만다. 서울 집의 살림을 보면 정말 딴 세상에 온 느낌이 들기 때문이다.

'오 마이 갓! 이렇게 많은 짐을 지고 나는 살아갔던가?'

내 집은 온통 짐으로 가득찬 집 그 자체였다. 물론 짧은 여행이었다면 결코 그렇게 느끼지 못했을 것이다.

언제나 그렇듯 한 달 살기를 하고 온 서울 집의 첫날은 비우는 날이다. 첫 여행 후 거실 가득 메우고 있는 5단 책장에 있는 물건들과 책들을 정리하고, 물건을 쌓아두기 좋은 이 큰 물건 책장부터 없앴다. 물건을 비우는 만큼 내 마음도 비워지는 느낌이었다.

"열심히 번 돈을 물건과 바꿔 그 물건의 소유자가 될 때 그

(녀)는 힘과 권력이 솟아나는 기분을 느낀다." 환경운동가이자 저술가인 애니 레너드가 『물건 이야기』(김영사)에서 한 말이다.

정말 이런 마음이었던 것 같다. 마음을 고쳐먹었다. 이제는 버리되 다시 소비하지 않게 하기 위해 노력하기! 그리고 이 책에서 "물건이 가득한 서랍장과 찬장과 집에서 그것들을 찾느라 들이는 시간까지 고려하라."고 주문했듯이, 실제 비우고 보니 물건을 찾는 데 드는 시간이 어마무지하게 단축됨을 느꼈다.

미니멀한 집은 내 시간을 아껴준다. 그리고 내 풍요로운 삶의 원천이기도 하다.

거절하는 기술을 터득하게 해 준 한 달 살기

"선생님! 죄송합니다. 제가 그때는 한 달 살기를 해서 서울에 없어요."

"아, 그래요? 이번에 꼭 강연에 초대하고 싶었는데."

유치원에서 진행하기로 한 강의일정이 갑자기 일주일 뒤로 연기되었다고 연락이 왔다.

"하루 늦게 출발하면 안 되나요?"

"미안하게 됐네요. 남편도 연차를 빼 두었고 숙소 예약 등

모든 일정이 그 날짜에 맞추어져 변경은 힘듭니다."

강연은 불가능했다. 신랑도 이번에는 같이 출발해서 며칠 휴가를 낸 터라 신랑까지 스케줄이 왕창 꼬일 판이다.

"다녀와서 다음 기회에 꼭 초대해 주세요."

예전의 나라면 어땠을까? 이렇게 대답했을 것이다.

"아, 네네, 우리 여행 일정을 미루고 강의를 하겠습니다."

아마 손해를 감수하고서라도 간곡한 부탁을 받아들였을 것이다. 그렇게 되면 숙소 비용, 다음 일정 재조정, 남편과 스케줄 논쟁 등 어려운 문제가 한둘이 아니었을 것이다.

따지고 보면 남을 배려하는 행동이 정작 나에 대한 배려는 전혀 없는 경우가 많다. 솔직히 말해 나는 거절을 잘 못하는 성격이었다. 거절을 못한다는 것은 때론 인생의 독약 같다. 나도 힘들고 내 가까이 주변 사람들을 힘들게 할 때가 아주 많기 때문이다.

거절을 잘 못하는 성격이었던 나는 한 달 살기를 시작하면서 거절의 기술을 터득하기 시작했다. 드디어 내가 거절할 줄 아는 인간이 된 것이다.

나는 어떤 문제가 생겼을 때 누군가 나서지 않으면 나라도 왠지 나서서 해결해야 할 것 같은 기분이 든다. 내 목을 조르는 불안감 같은 느낌이랄까? 그럼 내가 나서서 손을 든다. 자신도 모른 채 이미 내 손은 머리 위로 향해 있다.

"네! 그럼 제가 한 번 해 볼게요!"

이게 나다. 거절하는 법을 모르는 나다. 예전에 지인이 나에게 이런 말을 한 적이 있다.

"현미는 언제나 OK하니까!"

그 말을 처음 들었을 때는 왠지 기분이 좋았다. 상대방에서 인정 받는 기분이 들었기 때문이다. 하지만 부탁을 들어주겠다고 하고 돌아서면 막상 거절을 못한 점을 후회할 때가 많다.

그런 나의 내면을 한참 들여다 본 적이 있었었다. 모든 어려운 일은 내가 나서서 해야 할 것 같았다. 남에게 시키면 괜히 나는 미안한 마음이 들었다. 이건 '착한 아이 콤플렉스'에 가까웠다. 자신의 감정을 숨기고, 타인에게 착한 사람으로 남기 위해 욕구나 소망을 억압하는 심리. 내 마음은 이 콤플렉스에서 벗어나길 원했다. 방법이 없는 건 아니었다. 나에겐 한 달 살기 여행이 있지 않는가?

내가 한 달 살기를 시작하면 확실하게 해 두는 게 하나 있다. 한 달 살기 날짜를 잡은 이후에는 모든 일을 '올 스톱'한다. 그러니 그 이후 일정은 자연스럽게 무조건 거절할 수밖에 없다. 한 번도 거절할 일이 없었는데 이제는 밥 먹듯이 거절하게 된 것이다.

"그때 한 달 살기로 여행으로 떠나 있어 제가 도와드리기는 힘들겠는데요."

한 달 살기는 나에게 가장 중요한 일이기 때문에 그 누구도 내 거절을 아쉬워하거나 마음 아파하지 않는다. 두 번 거듭 부탁하는 경우도 없다.

강연 스케줄 역시 마찬가지였다. 물론 강의료를 생각하면 제법 아깝다. 50분 강연에 꽤나 높은 금액을 받는 수업인데도, 나는 마음 편하게 나와 상대 모두에게 거절할 수 있는 힘이 생긴 것이다. 내가 정한 규칙을 지키는 게 우선이니까.

거절은 나에게 아직도 어려운 숙제이긴 하다. 누군가 나에게 이런 말을 한 적이 있다.

"너, 인생에서 도망가는 거지?"

나는 깊은 고민에 빠진다.

"그래, 어쩌면 나는 도망가는 것이 맞을 수도 있어."

거절을 잘 못했던 나는 남들 일 때문에 소화 못할 만큼의 많은 일을 하고 있을 때가 있다. 너무나도 바쁜 나의 일상과 내 머릿속 복잡함을 도망이라도 쳐서 지우고 싶고, 쉬고 싶고, 여유를 찾고 싶었는지도 모른다.

그러고 보면 첫 여행은 도망가는 거 맞았을 수도 있었다. 나에게 한 달 살기는 일상에서 벗어나 힐링으로 도망가는 것이 분명하고, 거절을 못하는 나에게서 탈출하는 기회였기 때문이다.

심리학자인 마누엘 스미스가 쓴 『죄책감 없이 거절하는 용기』(이다미디어)에는 "NO라고 말하자니 꺼림칙하고, Yes라고 말하면 나 자신이 미워지겠지."라고 했다. 이 글을 읽고 나는 또 생각에 잠긴다. 어느 것을 선택하는 것이 좋을까? 잠깐 꺼림칙함을 선택할 것인가? 나 자신을 미워하겠는가?

나는 결국 한 달 살기를 하면서 답을 얻었다. 여행은 나에게는 좋은 환경을 주었다. 거절을 할 수밖에 없는 환경. 한 달 살기를 하면서 거절을 많이 하게 되고, 거절을 많이 해도 아무런 일도 벌어지지 않는다는 것을 알게 되고, 차츰차츰 거절하는 힘을 키울 수 있었다. 그래서 지금은 누군가로부터 부탁을 받을 때 나에게 먼저 질문을 하고 받아들이기 곤란한 상황일 때 정중하게 거절을 하는 편이다.

한 달 살기 여행을 수년간 경험하면서 이제 거절하는 힘은 서서히 내 안에 자리를 잡았고, 충분히 통제 가능하다. 만약 그 친구가 '도망가는 거 아냐?'라고 다시 묻는다면 나는 이제 당당히 말할 수 있다.

"무슨 소리! 난 여행을 가는 거야!"

7장

돌아와서 다시 내가 되기

거침없는 살림살이 이야기

집안 살림이 너무 싫었던 과거의 나! 현재도 그다지 살림을 하는 걸 좋아하는 건 아니지만, 예전처럼 살림을 마냥 어렵게만 바라보지 않게 됐다. 한 달 살기 여행을 통해 살림도구 없이 살아보니 창의력이 많이 키졌기 때문이다.

"엄마! 오징어가 완전 딱딱해져서 못 먹겠는데 버릴까?"
"아니야, 엄마가 이따가 요리할 때 쓰게 버리지 마!"
"이렇게 딱딱하게 말라비틀어졌는데 뭘 하려고?"
"글쎄, 냉장고에 뭐가 있는지 봐야지."
"엄마! 이상한 거 만들지 마!"
"알았어. 걱정하지 마."

그날 저녁 나는 아이디어를 내 마른오징어 미역국을 끓여

보았다. 꽤나 맛있었다. 나의 발명레시피로 만든 미역국이었다. 명태포로 끓인 미역국을 본 적이 있었는데 거기에서 힌트를 얻어 오징어도 가능하지 않을까 생각했다.

디저트도 아이디어를 냈다. 수박을 먹고 나서는 수박껍질로 샐러드를 만들었다. 나는 여행을 하면서 요리에 대한 편견을 많이 깼다. 한 달 동안 집을 비우기 위해 또는 한 달 살 집에 냉장고가 작아서 재료가 없으면 없는 대로 요리를 많이 했기 때문이다. 비단 요리뿐만이 아니다. 새로 살 수 없으니 즉석에서 필요한 물건은 직접 만들어 내야 한다.

어느 날 승희가 집 욕실에서 나오다가 미끄러져 넘어졌다.

"악~"

"승희야! 괜찮아?"

승호가 달려 나온다. 승희는 바닥을 가리키며 말했다.

"엄마, 여기 발판 수건 어디 갔어? 물기가 많아서 미끄러졌어."

"아, 발판 수건은 너무 지저분해져서 버렸는데. 엄마가 금방 만들어 볼게."

나는 잘 사용하지 않는 비치 수건을 꺼내 삼등분하고 꿰매기 시작했다. 안쪽으로 한 번 뒤 접은 후 발판 모양으로 직사

각형이 되게 만들었다. 제법 쓸 만하고 깔끔한 발판이 되었다.

나는 그렇게 집안에 있는 재료를 활용해 필요한 것을 만들기 시작했다. 승호가 말했다.

"엄마! 만드는 김에 쿠션커버가 찢어졌는데, 이것도 만들어줘!"

"응, 그래? 재료가 될 만한 게 있는지 한번 찾아볼게."

이불장 안에서 승호가 어릴 때 쓰던 겉싸개같은 작은 이불을 발견했다. 한 쪽만 여미면 쿠션 사이즈와 딱 맞을 것 같았다. 손바느질을 한 후 양쪽 끝에 똑딱이도 달았다. 드디어 쿠션커버도 완성.

한때 나는 필요한 물건이 있으면 무조건 마트로 달려갔다. 그러나 이제는 달라졌다. 한 달 살기를 다니면서 미니멀한 삶을 살다 보니 내가 직접 만들어서 쓸 수 있는 건 그렇게 하면 된다는 걸 잘 알게 됐기 때문이다. 한 달 살기를 하면서 나는 양념통이나 수저통은 새로 구입하지 않고 재활용품으로 대체했다. 그러다 보니 살림이 좀 더 쉬워졌고 창의성도 커졌다.

얼마 전 막내가 누군가 버린 옷더미에서 발견해 주어온 베레모 모자를 손질에 씌워 주었더니 학교 가서 아이들 사이에 패션 왕이 되었단다. 그리고 쓰지 않는 예쁜 원단의 이불은 식탁보를 재활용했다.

언젠가 선물을 받은 털모자는 아이들이 쓰지 않아 화분 커버로 사용해 보았다. 모자 부분만 잘라서 구멍을 내어 입혀 주었더니 인테리어 효과 만점이었다. 집에 남는 천으로 예쁜 하트 쿠션을 만들어 아들 방에 선물해 주었더니, 방의 분위기가 멋지게 살아났다.

우리 집 양치할 때 쓰는 죽염 그릇은 재활용된 작은 플라스틱 통으로, 몇 년째 사용 중이다.

한 달 살기를 하면서 나는 결핍, 비움, 재사용, 냉장고 파먹기 등을 배울 수 있었다. 나는 지금 거침없이 살림을 살고 있다.

냉장고를 비우는 일, 집안 살림을 비우는 일, 그러다 필요한 물건은 직접 만드는 일은 재미있기도 하거니와 참으로 의미 있는 일이다. 『물건 이야기』란 책에서 알게 됐는데, 인간의 엄청난 소비로 인해 지구의 자연물이 3분의 2나 사용되었다고 한다. 소비를 줄이는 것은 내 삶의 질을 올리는 것이자 환경을 지키는 일이다. 내 작은 변화가 지금 지구도 살리고 있는 것이다. 뿌듯했다.

말라비틀어진 오징어로 미역국을 끓이는 경지에 이르기까지 내 일상은 복잡에서 단순으로 변모했다. 내가 그토록 싫어했던 살림살이가 지금은 무척이나 편해졌다.

프로 주부가 뭐 별 건가?

오늘 아침밥은 생선조림, 김, 호박나물을 반찬으로 내어 주었다. 명절 때 얻어 온 식재료들이다. 이렇게 식재료를 받아오면 왠지 돈을 번 것처럼 기분이 좋아진다. 마트만 들어가면 지갑이 줄줄 새는 기분 탓일까? 사실 반찬 하나 만들려 해도 재료값이 너무 비싸다는 생각이 든다.

한 달 살기 여행에선 먹을 것이 부족하니 버릴 쓰레기들이라도 다시 한 번 체크하여 재활용할 것이 없나 뒤적이는 게 습관이 됐다.

예전에는 다 버렸던 비닐봉투도 이제는 하나하나 챙겨 실용성 있게 더 잘 사용하고 있다. 종이 곽도 버리지 않고 음식을 담아 낼 때 사용한다. 요즘 봉투는 지퍼 팩처럼 된 것도 많아서 더더욱 활용성이 높다. 그러니 작은 돈이지만 새 봉투를 굳이 돈 들여 사지 않아도 된다.

과일껍질과 상태가 안 좋아진 과일은 냉동실에 넣어두었다가 나중에 집간장으로 맛간장을 만들 때 활용한다. 물김치에 넣으면 단맛과 신맛이 조화를 이루어 정말 맛있다.

모든 식재료는 내 손을 거쳐 새로운 요리가 되기도 한다. 남은 구운 갈치 한 조각은 생선조림을 할 때 섞고, 감자볶음이 조금 남으면 볶음밥을 할 때 쓰고, 남은 반찬은 비빔밥을 해먹는다.

'오늘 뭐 해 먹지?' 하는 고민이 들면, 예전에는 늘 시장이나 마트로 달려갔지만 지금은 가장 먼저 냉동실을 열어서 남은 식재료가 무엇이 있는지 살펴본다. 남은 식재료로 무엇을 할까? 고민하면 반드시 좋은 요리 아이템이 나온다. 그럼 거침없이 요리를 시작한다. 결혼 14년 차에다가 한 달 살기 원룸살기 5년 차인 내가 못할 요리가 무엇이랴? 나는 지금 '냉동실 파먹기 선수'이다. 그런 나에게 아이들이 이런 말을 해 주었다.

"엄마! 친구가 그러는데 자기네 집은 김치랑 밥만 먹을 때가 많데! 근데 엄마, 나는 집에 올 때 오늘은 무슨 음식을 먹으려나? 집으로 올 때마다 막 기대가 돼~. 엄마가 매일 다르면서도 맛있는 음식을 해놓고 우릴 기다리잖아!"

아이들의 칭찬을 들으니 나는 기분이 좋았다. 사실 특별히 맛난 걸 해 주지는 않아도 나는 그날 그날 새 반찬을 해서 아이들에게 내어주려고 노력한다. 소량만 준비해 되도록 음식을 남기지 않도록 최선을 다한다. 그러니 보니 자연스럽게 좋은 점이 생긴다. 최대한 냉장고 요리 재료를 사용하고 음식을 할 때는 먹을 만큼만 하니 냉장고가 점점 심플해지는 것이다.

여행 후 돌아온 나의 집 정리정돈 비법

내 아이를 가장 잘 키우는 방법은 옆집 아이처럼 키우라는 말이 있듯이, 내 집에서 잘 살려면 남의 집처럼 살아야겠다는 생각을 한 적이 있다.

나는 참 많은 집착을 가지고 살았는데, 특히 집을 예쁘게 꾸미고 싶다는 집착이 강했다. 집에 멍하니 있는 날이면 '저 자리에 큰 화분 하나가 들어오면 참 좋겠다.' 같은 생각을 쉴 새 없이 하는 편이었다.

언젠가 한 달 살기가 끝나고 집에 도착한 날이었다. 우리 집은 그 자리에 그대로의 모습이었다. 무척이나 반가웠다. 한 달 살기 숙소에서는 희한하게 집을 그리워하지 않았던 거 같은데, 나의 무의식은 집을 그리워하고 있었던 걸까?

한 달 만에 보는 우리 집은 꽤나 아늑했고 정말 좋아 보였다. 우리 집 주방에 있는 낯익은 프라이팬도 반갑고 밥솥도 반가웠다.

다시 돌아올 집이 있다는 게 행복한 여행의 기본 조건이기도 하다. 여행이란 낯선 곳에서의 즐겁고 설렘도 있지만 한편으론 내 집의 소중함도 함께 일깨워 주는 것 같다. 낯익은 내 집에서 한 달 동안 사용하지 않던 냄비를 꺼내고 냉장고에서 김치를 꺼내 요리를 할 수 있음에 감사한 마음이 들었다.

J.H 페인의 명언이 생각난다. "쾌락의 궁전 속을 거닐지라도 초라하지만 내 집만 한 곳은 없다." 한 달 살기 여행은 너무너무 즐거웠지만, 한 달 만에 도착하면 내 집의 소중함이 더 절절하게 느껴지는 것 같다.

가끔 이런 생각도 든다. "나는 이 집을 길게는 1년에 석 달 정도는 사용하지 않는다. 이 집 역시 '내 집'이 아니라 나머지 아홉 달 정도 사는 '나의 거처'인 셈이다."

그런 생각을 하니 집에 너무 집착할 필요가 없다는 깨달음을 얻었다. 어느 순간 집을 완전하게 내 것으로 소유하고 싶은 집착도, 집 평수를 키우고 싶은 욕망도 점점 사라졌다.

당연히 집에 들여놓아야 한다고 믿었던 더 좋은 소파, 크고 새로 나온 최첨단 가전제품들에 대한 집착도 없어졌다.

이젠 나에게 소중한 집이지만 기대 이상 화려하게 꾸미려 하지 않는다. 오래전 아이들 육아로 지쳐 있을 때는 집에 뭐 하나라도 새것을 들이고 싶은 욕망이 컸던 시절도 있었지만 지금은 무의미한 욕심이라는 걸 알게 됐다.

지금 나의 집은 내가 여행지에서 돌아올 수 있는 소중한 거처일 뿐이다.

도전하는 엄마는 언제나 멋지다!

"엄마는 엄청 멋지다."

"그래?"

아들한테 '우리 엄마 예쁘다. 자상하다.' 같은 이야기는 들어 봤어도 '멋지다'라는 말은 처음 듣는 말이었다.

"엄마의 어떤 모습이 멋져 보이는 거야?"

"엄마가 요즘 베트남 여행 준비를 하는 거 보니 멋져 보였어!"

"정~말? 고마워! 아들이 엄마 멋지다고 하니까 더 힘이 나는 걸."

덩달아 동생까지 거든다.

"엄마! 영어도 못하는데 며칠 전에 베트남 비자 신청한다고 노트북을 끼고 끙끙댔잖아. 비자신청은 다 했어?"

"그럼 다 했지."

두 아이는 한 목소리로 외쳤다.

"오, 우리 엄마 진짜 최고다. 정말 멋져."

두 아이의 대화는 경쾌하면서도 들뜬 모습이었다. 한 달 살기 베트남 여행에 대한 기대감도 있었을 것이다. 나는 아이들의 멋지다는 말에 어깨에 힘이 들어갔다.

"승호야! 한 달 살기로 베트남에 가볼까?"
"응! 좋아. 우리나라 말고 다른 나라에서 해 보고 싶어."
"그래 한 번 가보자!"

이 한마디에 덜컹 베트남 여행 준비를 시작하게 되었다. 그리고 도서관에서 베트남 책을 몇 권 빌려왔다. 그날부터 베트남 여행을 어떤 식으로 할 건지 연구했다. 베트남 책을 보던 아들은 다낭도 가고, 무이네나 달랏도 가고 싶다고 했다. 우리는 회의 끝에 베트남 한 달 살기를 종주여행 형식으로 진행하기로 결정했다.

종주여행이 조금은 걱정이 되었지만, 한국에서의 한 달 살기로 단련이 되어 있어서 잘할 수 있으리라는 자신감도 있었다.

그렇게 결정을 하고 나니 베트남 여행은 한국보다 준비할 사항이 훨씬 많았다.

제일 먼저 한 일은 번역기를 다운받는 일이었다. 영어라고는 '쏘리. 땡큐' 밖에 못하기 때문에 언어가 가장 걱정됐다. 요즘은 번역기가 훌륭했다.

"다낭 어떻게 가나요?"로 시작된 번역을 하고 있으니, 아이들이 달려온다. 아이들도 이런저런 말을 하며 번역 기능을 테스트했다.

"너 바보니?"
"야! 너 뭐니?"
"얼마면 되니?"
"똥은 얼마니?"

한국어와 베트남어 자동 번역기를 처음 본 아이들은 신이 나고 재미있어 했다. 번역기를 다운 받으니 불안감이 한풀 꺾였다.

베트남 여행 준비는 끝이 없었다. 그때 나는 해외 단기 여행이 아닌, 처음으로 한 달 살기 여행을 준비하고 있었다. 사실 해외 자유여행이라고는 남이 해주는 것만 따라갔을 뿐이었다. 처음으로 항공권에서 숙소까지 모든 걸 내 손으로 준비하니 어려움도 많았다. 그래도 스스로 해 보고 싶었다. 한 달이라 비자를 신청해야 했는데, 경비를 절약하기 위해 대행업체를 통하지 않고 직접 진행했다.

그렇게 시작된 여권과 비자가 나오면 오리고 붙이고 여권복사본도 만들었다. 이 과정을 옆에서 지켜보던 아들에게 엄마의 도전하는 모습이 정말 멋있었나 보다.

장화 금파의 저서 『부모는 아이의 첫 스승이다』에는 "나는 늘 도전을 해왔고 나이는 먹지만 또 다른 도전을 하면서 살아가고 있다."는 글이 나온다. 나 역시 도전이 두렵고 힘들 때도 있지만 그래도 도전한다.

우리 집 아이들도 나랑 닮은 걸까? 언제나 도전하는 것을 두려워하지 않는 아이들로 자라고 있는 모습을 바라볼 때면 왠지 모르게 나도 뿌듯하다. 우리는 다양한 도전을 하며 우리 자신의 가치를 재발견하고 있었다.

밥 잘 사주는 엄마 VS 한 달 살기 해주는 엄마

"엄마! 친구들이 이번 방학 때도 한 달 살기 가냐고 물어보네?"

"이번에도 어디 갈지 생각해보자."

"그래? 엄마, 지도 펼쳐볼까?"

방학이 다가올수록 아이들은 한 달 살기 여행에 대한 기대감이 커진다. 나 역시 기대가 된다. 특히 아이들에게 방학 때마다 한 달 살기 여행을 선물할 수 있어 행복하다.

김난도 교수 등이 쓴 『트렌드 코리아 2019』(미래의 창)에서

"드라마에서 밥 잘 사주는 누나가 있듯 밀레니얼(millennial) 세대 아이들은 밥 잘 사주는 엄마가 최고"라고 소개한 글이 있었다.

밥을 잘 사주는 엄마가 요즘 트렌드라지만 우리 아이들은 '한 달 살기 여행'을 함께 떠나는 엄마가 최고라고 믿고 있다. 얼마 전 아들이 나한테 이렇게 말하는 거였다.

"하늘이가 이야기 해 주었는데, 다양한 엄마들 중에 내가 엄마를 선택해 보라고 하더라! 첫 번째 엄마는 돈이 많은 엄마였고, 두 번째 엄마는 장난감을 잘 사주는 엄마, 세 번째 엄마는 여행을 잘 데리고 다니는 엄마였어."

"그래서 누굴 골랐는데?"

"당연히 한 달 살기 여행을 잘 데리고 다니는 엄마로 골랐지."

"우와~ 엄마가 아들에게 선택 받은 거였네. 신난다. 신나."

한 달 살기를 한 후 돌아올 때마다 드는 생각 중 하나는 '우리 아이들이 정말 많이 컸구나?' 하는 것이다. 어느새 나를 꼭 안아 등을 토닥토닥거리며, "아이고 우리 예쁜 엄마!"라고 말해 주는 아이들이 되었다.

얼마 전엔 운동을 하다가 허리를 다친 나에게 두 녀석은 마사지에 찜질팩까지 해주며 엄마를 간호해 주었다. 그날 아들은 엄마에게 다리를 올리고 자는 버릇이 있는 동생에게 말했다.

"승희야, 엄마 허리 아프니까 오빠한테 다리 올리고 자!"
"오빠, 내 다리 안 무거워!"
"너 다리 1키로는 나가거든."

그렇게 대화하는 두 녀석이 어찌나 기특하던지? 둘째 녀석의 잠버릇을 아는 첫째가 엄마를 극진히 생각한 것이다.

아이들은 주위에서 "너는 엄마를 참 잘 만났다"는 이야기를 많이 듣는다고 으쓱했다. 엄마에게 감사한 마음을 가지고 있는 아이들이라서 나는 기쁘다. 아이들은 자주 따뜻한 말로 표현해 준다.

"엄마, 말도 안 통하는 베트남에 우리를 데리고 와줘서 고마워."
"정말?"
"새로운 추억을 많이 만들었잖아. 우리 함께."
"맞다. 즐겁게 놀기도 하고 사기도 당해 보고~"

이 맛에 나는 또 새로운 한 달 살기를 준비하는 것 같다. 아이들이랑 좋은 관계를 유지하고 있는 것이야 말로 한 달 살기가 주는 가장 큰 선물이 아닐까 싶다. 밀레니얼 세대들이 밥 잘 사주는 엄마가 최고라고 하지만 나는 한 달 살기 해주는 최고의 엄마다.

한 달 살기로 가족갈등 극복하기

친구로 만난 우리는 동갑내기 부부다. 다른 부부들보다 훨씬 많이 소통하고 육아나 교육관도 비슷하다고 생각하며 살아왔다. 그렇게 잘 맞을 것 같았던 소통은 사실 오래 가지 않았다. 우리는 서로 다른 방식으로 살아가고 있었다. 남편은 처자식을 먹여 살려야 하는 압박감으로 사회전선에서 항상 바빴고, 나는 육아와 일을 병행하며 정신없이 살았다. 그러다가 서로 지치고 무관심해져 갔다.

"여보세요."
"나 오늘 또 야근이야."
"응."

가끔 걸려오는 전화는 늘 형식적인 대화뿐이었다. 늘 바쁜 남편 덕분에 나는 '독박 육아'를 담당해야 했고, 이런 상황에 억울하고 화가 나기도 했다.

갈등이 생길 때면 서로 세상에서 가장 힘든 일을 한다며 우기기도 한다. 간혹은 의미 없이 웃음을 짓기도 하고 필요한 말만 하면서 지내기도 한 것 같다. 그렇게 우리는 하루하루 힘들게 살아내고 있었다.

그렇게 결혼 후 10여 년의 시간을 함께 살았지만 각자 따로 길을 걷는 느낌이었다. 그러던 중 우리가 한 달 살기 장기여행을 시작하면서 오래 떨어져 사는 시간이 만들어졌다. 당연히 부부관계에서도 새로운 변화의 기회가 만들어졌다. 처음에 남편은 여행 이별을 그다지 달가워하지 않았다. 우여곡절 끝에 한 달 살기는 시작되었지만, 지금 생각하니 끝까지 반대하지 않은 남편에게 참 고마운 마음이 든다.

그렇게 한 달 살기를 시작하면서 우리 부부는 서로 각자 많은 생각을 하게 되었다. 엄한 성격이라 늘 아이들에게 소리를 지르던 아빠는 여행 후 매일매일 아이들과 통화하며 오늘은 무엇을 하고 놀았는지 궁금해 하기 시작했다. 몸이 떨어져 있으니 마음만이라도 함께 하고 싶은 마음이 들었던 것이다.

"승호야! 승희야! 뭐하고 놀았어?"

“아빠! 오늘은 해삼을 잡아서 초장에 찍어 먹었어.”

“정~말! 엄마가 너희 가졌을 때 많이 먹던 건데.”

“응, 엄마가 이야기해 줬어. 근데 너무 맛있어서 우리가 다 먹었어.”

“그래? 요 녀석들 엄마도 좀 주지 그랬어. 아빠가 주말에 갈 테니, 엄마 말 잘 듣고 있어.”

남편이 이렇게 다정할 수 있다는 것에 깜짝 놀라기도 했다. 눈에 보이지 않으니 더 애틋했을 것이다. 남편은 나에게도 안부전화를 자주 한다. 세상에 이럴 수가. 엄청난 변화였다. 나 역시도 떨어져 지내는 남편이 걱정되어 더 마음이 쓰였다.

혼자 밥을 어떻게 해 먹고 다니는지에 대한 생각과 미안함도 겹쳤다. 우리는 한 달을 떨어져 지내는 동안 서로 많은 생각을 할 수 있는 시간이 생긴 게 분명했다.

주말이면 고속버스를 타고 우리가 있는 여행숙소까지 와서 온 가족이 함께 보내곤 했다. 사실 이 시간이 서울 집에 있을 때보다 더 가족처럼 지내는 기분이 들었다.

주말에도 회사에 간다며 나가던 일중독 남편이 먼 한 달 살기 여행지에 와서 우리와 온전히 하나가 돼 짧고 굵게 즐길 수 있었다.

"승호야! 앞바다에 나갈까?"

"응 아빠~"

"역시 아빠가 오니까 너무 좋다!"

남편은 도착하자마자 아이들을 데리고 바다로 나갔다. 뿔소라도 잡고 물고기도 잡았다. 척척 물고기를 잡는 아빠는 아이들에게 정글의 법칙에 나가도 될 만큼 멋져 보일 것이다. 그 기운을 닮은 아들은 아빠가 없는 날도 열심히 바다에서 무엇이든 잡아 올리는 재주가 있다.

텔레비전 속 정글의 법칙에서나 보던 낚시하는 모습을, 승호는 "실제로 경험해 볼 수 있어 소원 성취했다."고 말한 적이 있다. 승호는 팔뚝만한 숭어, 엄청 큰 문어, 해삼, 승희 손보다 큰 촛대고동, 쥐치, 고등어, 고동, 소라, 돌돔, 장어 등 사실 안 잡아본 게 없을 정도다.

주말에 먼 길 와준 남편에게 고마운 마음이 들었고 남편에게도 좀 더 챙겨주고 싶은 마음도 생겼다. 그러면서 남편 역시 나와 아이들에게 존중받는 기분이 드는지 무척이나 잘 대해주었다.

처음엔 한 달 살기를 반대하던 남편이 이제 방학이 다가오면 먼저 어디 갈 것인지를 물어보며 의논도 한다. 지인들에게 듣자니 남편이 혼자 아이들과 용기 있게 떠나는 아내 자랑도 엄청나게 한다는 소리가 들려오기도 한다.

아이들과 함께 짐을 꾸리고 떠나던 한 달 살기를 이제는 주말마다 남편과 함께 한다. 출발할 때도 남편은 휴가를 내 장거리 운전을 해주면서 한 달 살기 여행에 최대한 동참하려고 노력한다.

응원자에서 동참자가 된 남편 때문에 우리 부부 사이는 정말 좋아졌다. 좋아진 부부관계는 덩달아 우리 아이들까지도 행복하게 만들고 있다. 한 달 살기를 하면서 우리는 과거보다 훨씬 더 친한 가족이 되었다.

8장

한 달 살기,
행복 끌어당기기

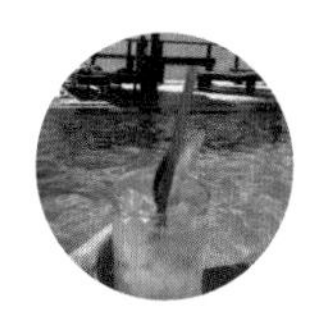

아이와 관계, 산을 넘고

"엄마, 나 학교에서 오늘 엄청 재밌었어."
"정말? 뭐가 그리 재밌었을까?"

학교를 다녀온 승호는 조잘조잘 할 말이 참 많다. 학교에서 있었던 속상한 이야기와 재미있었던 이야기, 그리고 멋진 친구나 형의 이야기를 폭포수처럼 쏟아낸다.

"엄마, 손가락 다섯 개를 펴봐."
"자, 첫 번째 손가락 접어! 오늘 ○○랑 ○○랑 싸웠어. 또 두 번째, 세 번째……."
학교에서 있었던 일들이 뭐가 그리 많은지 모르겠다.
"우와, 사건이 정말 많았네."
"엄마, 정말 재미난 이야기가 많지?"

승호가 어릴 때부터 이렇게 말이 많지는 않았다. 그러나 한 달 살기를 다니면서 말이 많아졌다.

여름방학이면 1학기 때 학교에서 일어난 재미난 이야기를 줄곧 들을 수 있었다. 한 달 살기 여행에서 우리는 수많은 이야기를 서로 주고받는다. 늘 대화하다 보니 서로에 대해 많이 알게 됐다. 아이들은 엄마가 하는 일에 대해서도 관심이 많아졌다.

엄마의 고민이나 일상도 아이들과 서로 이야기를 나누고 공감하게 되면서 우리 사이에 소통의 벽이 사라졌다.

하루 일상의 대화가 늘어나면 늘수록 든든하고 끈끈한 애정이 있는 가족으로 발전할 수 있었다.

이는 곧 다가올 아이들의 사춘기도 잘 보낼 수 있으리라는 자신감이 생겼다. 우리의 유대관계가 지금처럼 지속된다면 어려운 사춘기가 와도 우리가 대화할 수 있는 추억들이 굉장히 많을 것이기 때문이다. 승희도 마찬가지다.

"엄마! 나 오늘 엄마가 무지 보고 싶었어."

"그래? 왜?"

"나 오늘 엄청 속상했거든."

"그래 엄마가 옆에 있었으면 엄마가 어떻게 해 줄 거 같았어?"

다섯 번째 한 달 살기 – 베트남에서

"엄마라면 '누가 우리 승희 속상하게 한 거야. 누구야! 아주 혼내 줄 거야!'라고 이야기해 줄 것 같아서."

"어찌 알았어? 그래, 엄마가 혼내 줄게? 누구야?"

언제나 나는 우리 아이들의 최고의 방패가 돼 주고 싶다. 초등교육 전문가 김선호 님은 『초등사춘기 엄마를 이기는 아이가 세상을 이긴다』(길벗)에서 다음과 같이 말한다.

"아이들이 내면을 드러내고자 하는 그 순간, 담임이든 학부모든 하고 있던 모든 것을 내려놓아야 한다. 그리고 마치 혼신을 다하는 양궁 선수처럼 그 아이의 말을 과녁판 삼아 집중해야 한다."

저자는 '초등학생들은 부모나 교사가 진심으로 공감하는지 바로 알아차린다'고 했다. 과거에 집에 있을 때는 혼신을 힘을 다해 아이들에게 공감해 주는 게 참 어려웠다. 설거지를 하고 있을 때 아이들이 말을 걸어오면 건성으로 대답해 주곤 했다.

초등학생은 유아적 직관능력이 상실되지 않았다고 하는데, 아마도 우리 아이들은 내가 건성으로 대답한다는 사실을 다 알고 있었을 것이다. 그러나 나는 한 달 살기에 가서는 아이들과 그 어떤 소통의 장애물이 없었다.

그러기에 나는 자연스럽게 아이들의 말에 귀가 기울여진다. 내 머릿속에 신경을 쓸 잡음도 없고 집안일도 없기 때문에 온전히 아이들의 말에 집중할 수 있다.

남매의 관계, 물을 건너

이런 말을 많이 들어봤을 것이다. "남매들은 잘 안 맞아."라고. 사실 나 역시 우리 아이들의 성별이 다르고 오빠와 여동생 관계라 사이가 좋기는 힘들다는 주변 사람들의 이야기를 많이 들었다.

실제로 어릴 때 우리 남매도 싸우기 대회에 나가면 일등을 먹었을 정도로 늘 티격태격 댔다. 장난감을 서로 갖고 놀겠다고 싸우고, 간식을 먼저 먹겠다고 싸우고, 엄마를 서로 차지하겠다고 싸웠다.

서울 집에 오빠 친구들이 놀러오면 함께 어울리다가도 동생은 어느새 귀찮은 대상이 돼 있기 일쑤였다.

하지만 싸움대회에서 일등을 할 만큼 싸웠던 아이들이 이젠 함께 놀기에 일등을 할 만큼 잘 노는 사이가 됐다. 그 어디에도 없는 최고의 친구임을 여행을 통해 확인하고 오게 된다. 여행을 떠나면 오롯이 친구라고는 남매뿐이니 의리로 똘똘 뭉치

는 것이다.

"오빠. 여기 와봐."
"게 잡았어."
"오빠. 이리 와봐."
"조개가 너무 예뻐."
"오빠, 저 아저씨 봐! 물고기 엄청 큰 거 잡았어."

이렇게 동생은 오빠를 하루에 백 번은 부른다. 남매는 서로 최고의 친구이다. 어쩌면 엄마보다 더 많이 공감하고 이해하는 사이라고 할 수 있다. 엄마의 리액션이 5점이라면 둘 사이의 리액션은 언제나 500점이다. 뭐가 그리 웃긴지 깔깔거리고 웃어주는 모습에 참 신기할 때가 많다.

"우리 오빠는요, 외발 자전거 잘 타요."
"그래?"
"이제는 외발 자전거로 점프도 해요."

지나가던 사람이랑 짧은 대화 속에도 어김없이 오빠 자랑을 늘어놓는 동생 승희. 기회만 생기면 오빠를 자랑하는 동생은 정말 오빠가 자랑스러운 것이다.

그런 남매를 보면 내가 인생을 살면서 가장 잘한 것 중에 하나는 둘째 녀석을 고민 없이 바로 가졌다는 점이다. 둘이는 평생의 동지이자 좋은 친구가 될 것이다. 승희가 학교를 처음 입학했을 때도 승희보다 승호가 더 좋아하고 기뻐했다.

"아니, 그 집 아들은 동생이랑 같이 학교 다니니 그렇게 좋은가 봐. 요즘 승호가 더 싱글벙글이야."
"아, 그래요?"

윗집 아주머니 출근시간이 우리 아이들 등교시간과 같아서 매번 엘리베이터에서 만나게 되어 아들에게 물어보았더니 너무 좋다고 대답했단다.

물론 싸우지 않고 자라는 아이들은 없다. 우리 아이들도 여전히 툭하면 싸운다. 그렇지만 금세 툭툭 털고 친하게 지낸다. 그 무엇보다 놀 때만큼은 이 세상 그 어떤 친구보다도 잘 어울려 노는 관계이다.

우리 집이 아닌 외딴 여행지역에서 우리끼리만 지내야 하는 경험들이 많아질수록 더욱 더 우리 남매는 끈끈해진다.

둘이 싸운 문제로 엄마한테 혼나는 상황이 생겨도 언제 그랬냐는 듯 둘이 서로 방패 역할을 해줄 정도다.

"엄마 일 좀 하게 둘이 먼저 자!"

"오빠! 나 무서워!"

"내가 손 잡아줄게."

이불 덮어주려 방에 들어갔더니 정말로 손을 꼭 잡고 자는 아름다운 모습에 내 입 꼬리는 한없이 올라간다. 남들은 어렵다는 남매 키우는 재미가 쏠쏠하다.

도전은 이야기를 만들고 이야기는 도전하게 만든다

우리는 한 달 살기를 하면서 다양한 경험과 수많은 스토리를 만들어가고 있다. 거기엔 성공담도 있고 실패담도 있다. 베트남에서 겪었던 황당한 경험을 지금은 웃으면서 할 수 있게 됐다. 베트남의 달랏에서 무이네로 넘어가는 슬리핑 버스를 타고 갈 때의 일이다.

버스를 잠시 세우고 10분 동안 시간을 준다고 화장실을 다녀오라고 했다. 막상 내리니 화장실이 없었다.

"여긴 화장실이 없나봐. 엄마."

"그러네. 그냥 밖에서 볼일을 보라는 건가 봐."

함께 타고 가던 캐나다 분에게 화장실이 어디냐고 물으니 여긴 화장실이 있는 곳이 아니라고 했다. 그냥 풀숲에서 볼일을 보라는 것이었다. 많은 사람들이 서로 각자 풀숲으로 들어가던 모습이 생각난다. 우리 셋도 서로 가려주기 바쁘게 볼일을 봤다.

"저 옆에 벌레가 있어요."

이번엔 기차에서의 일이다. 기차 안에는 바퀴벌레가 꽤나 많았고, 제법 큰 바퀴벌레가 앞 의자로 기어가고 있었다. 승호는 앞에 있던 베트남 아주머니에게 바디랭귀지로 벌레가 옆에 기어가고 있다고 알려줬다.

아주머니는 다시 나타난 바퀴벌레를 보더니 "퍽" 그냥 맨손으로 잡아 버렸다. 그리고 바퀴벌레들이 지나가도 아무렇지도 않게 그냥 웃으며 옆 사람과 대화를 하고 여행을 즐긴다.

"엄마! 저 사람들은 아무렇지 않은가 봐."

"그러게."

바퀴벌레에 방방 뛴 우리 셋만 이상한 사람이 되었다. 승희는 내 무릎에 올라가 내려올 생각도 못하고 수많은 바퀴벌레 사이에서 안간힘을 쓰며 4시간을 보내야 했다. 지금도 우리는 그때 이야기를 하며 재미있어 하는데, 그 당시는 정말 문화적 충격이었다.

우리는 베트남에서 여행하며 매일 색다른 경험을 했다. 나라마다 문화가 다르고, 사람들이 얼마나 다른가를 몸으로 느끼고 경험했다. 세상에는 그 어떤 것도 존재할 수 있다는 열려 있는 생각을 했다. 우리는 그 이후 세상을 보는 눈이 많이 달라졌다.

한국에선 엄마가 조금만 옷이 파여도 뭐라고 하던 승호가 이제는 그 취향을 인정해 주는 아이로 바뀌었다. 아이들은 더 넓은 세상을 가고 싶은 욕구가 커졌고, 어떤 도전도 두려워하지 않게 됐다.

베트남 한 달 살기를
떠나는 날

"초등학생에게 도전은 부모가 만들어준 안정적인 '마법의 성'을 벗어나 일상에서 자신이 찾는 꿈을 향해 가는 길이 된다."

초등교육전문가 김선호 님이 『초등사춘기 엄마를 이기는 아이가 세상을 이긴다』에서 소개한 말이다. 새로운 도전을 두려워하지 않는 초등학생은 실패해도 자신의 삶을 살아갈 기회를 얻게 된다는 것이다.

우리는 수많은 여행에서 새로운 도전과제를 정하고 경험하고 있다. 우리 아이들은 성장하고 자신의 삶을 멋지게 살아갈 역량을 키워 나가고 있다.

♥

남편 없이 아이 둘 데리고 여행 가면 얻는 것들

"안녕하세요."
베트남에서 한 달이 다 되어갈 무렵 우리 아이들은 한국 사람처럼 보이는 사람에게는 무조건 "안녕하세요." 하고 인사를 건넸다. 말도 안 통하는 외국인하고도 잘 놀고 의사소통을 하면서도 왠지 한국 사람이 그리웠던 모양이다.

"어! 너희 한국 사람이니?"
"네!"
"어디서 왔니?"
"우리는 서울에서 왔어요."
"정말 귀엽다. 아빠는?"
"아빠는 회사 가셔서 못 오셨어요."

한국 사람을 만나면 아이들은 신나서 이야기꽃을 피운다. 무이네 사막을 나와 요정의 샘물에서도 한국에서 온 이십대

형과 언니와 같이 동행했다. 형 손을 꼭 잡은 아들과 언니 손을 꼭 잡은 딸은 아주 신나서 오랜만에 한국말 대잔치를 벌렸다.

“아이들 아이스크림 사주어도 될까요?”
“아이고 내가 살게요.”
“아닙니다. 제가 살게요.”

갓 스무 살을 넘은 청년들은 우리 아이들이 예쁘다고 아이스크림까지 사주었다.

“엄마! 엄마! 나 형들하고 놀고 싶어.”
“일정이 다를 텐데.”
“저희가 한나절은 시간이 되거든요. 실례가 안 된다면 리조트 수영장에서 같이 놀 수 있을까요?”
“리조트에 물어볼게요.”

그렇게 우리는 함께 합류해 리조트 수영장에서 신나게 놀았다. 휴양을 즐기는 외국인들이 많았지만, 외국에서 만나는 한국인들은 더 없이 반갑고 따뜻했다.

이 젊은이들은 고등학교 시절 동창들이라고 했다. 졸업하고

베트남 한 달 살기 중 우연히 만난 한국 젊은이들과의 추억

함께 여행을 왔다고 한다. 순식간에 한나절이 지나고 청년들은 다른 곳으로 떠나기 위해 우리는 서로 이별해야 했다. 짧은 시간이었지만 정이 들었다. 아, 정말 고마운 청년들이었다.

"언제 기회가 되면 서울로 놀러 와요."
"네네, 꼭 갈게요."

멀리 타국에서 만난 한국 사람들은 우리 아이들에게 종종 먹을 것을 사주었다. 영어를 잘 못하는 나를 도와 버스 예약을 대신해 준 사람도 있었다. 러시아에서 온 아줌마는 승호에게 수영도 가르쳐 주었고, 한 베트남 청년은 우리 아이들과 축구를 함께 하며 한참을 놀아주었다.

베트남 청년과 축구 한 판

언어가 잘 통하지 않는 베트남에서 다양한 나라의 사람들을 만나다 보니, 우리 아이들은 사람들의 표정을 읽는 눈썰미가 생겼다는 점도 흥미롭다.

"엄마 저 사람들 좀 이상해", "얼굴표정이 화 난 거 같아", "저 사람은 뭔가 수상해", "저 사람은 사기치려고 친절한 거 아니야?"

아이들이 사람들 얼굴을 보고 다양한 느낌을 빨리 읽어내는 것 같다. 경험이 쌓였고 그런 경험이 얼마나 중요한지 새삼 느끼게 됐다.

우리가 인생을 살면서 가장 중요한 것은 어쩌면 사람 관계가 아닐까? 늘 같은 사람들과 늘 같은 곳에서 만나는 것과 다르게, 여행에서 만나는 사람들은 모두 다르고 또 색다른 경험을 안겨준다.

우리가 사랑하는 아빠의 안전에서 벗어나는 경험도 우리에게는 삶의 피가 되고 살이 되는 경험이리라. 우리는 이 순간 각자가 삶의 리더가 되는 경험을 하고 있는 것이다.

한 달 살기 조금 긴 쉼표, 나에게 주는 최고의 선물

"여보세요~"

"지난번에 사진 보내 주셨던 곳 예약할게요."

"할인을 조금만 해서 10만 원만 빼주시면 안 되나요?"

"그렇게 해 드릴게요."

"고맙습니다. 선금 10% 입금하겠습니다."

"네네~"

한 달 살기 방을 예약하고 나니 마음 한켠에 비밀방을 만들어 둔 듯 뿌듯하다. 지친 일상을 달래주는 비밀의 방이라 할 수 있다. 아직 여행을 가려면 몇 달이나 남았지만, 내가 마음껏 쉴 수 있는 곳이 준비돼 있다는 것만으로도 오늘 바쁜 하루를 버티는 힘이 생긴다.

이번에 한 달 살기를 준비하면서 나는 승호와 승희에게 물어본다.

"승호야! 승희야! 방학 때 농구랑 수영하는 거 한 달 쉬어도 돼?"

"왜?"

"지난번 말했던 한 달 여행을 이제 예약해야 하니까?"

"당연하지!"

아이들의 의견은 중요하기에 매 순간 아이들의 의견을 물어본다.

승호는 농구를 좋아하고 앞으로 농구선수가 되는 것이 꿈이다. 승희는 해녀가 되는 것이 꿈이다. 현재 활동이나 꿈도 중요하지만 아이들은 여행을 기꺼이 선택했다.

이번에는 한 번 갔던 곳을 또 한 번 가는 것으로 계획을 세웠다. 그동안은 가보지 않았던 곳을 갔었는데 예전에 갔던 곳에 또 가면 어떨까? 혹시나 지루하지 않을까? 그런 고민도 있었다.

하지만 이미 지역이 익숙하더라도 그 마을에 대해 또 새로운 걸 알게 될 것이란 것도 알고 있다. 우리는 과거에 갔을 때와 달라져 있기 때문이다.

여행은 예약과 함께 시작된다. 나와 아이들은 물론 남편도 좀 더 자신만의 시간을 가지는 휴식의 시간이 시작된다. 앞만 보고 달리다가 가끔 옆도 보고 멈추기도 하고 옆을 비켜 가기도 하는 안식의 순간은 이제 우리에게 없어선 안 될 꼭 필요한 시간이다.

한 달 살기는 나뿐만 아니라 우리 아이들에게도, 남편에게도 최고의 선물이고 조금 긴 쉼표가 되고 있다.

노후 걱정, 이제 끝

내 나이는 마흔세 살이다. 정년이 자꾸 빨라지는 시대이다 보니 가끔 나이 들면 무얼 하며 먹고 살까? 하는 걱정이 마음 한 켠에 있었다. 노인복지가 잘 되어 있는 유럽의 예를 들을 때면 참으로 부러울 때가 많았다.

그나마 위로가 되는 건 여행을 다니면서 알게 된 사실 중 하나로, 서울을 벗어나면 서울 집값의 10분의 1도 안하는 집도 수두룩하고 심지어 빈집도 많다는 사실이다.

여행을 다니다 보면 노인들이 살기 좋은 괜찮은 동네도 제법 많다는 것도 알게 된다. 우리가 숙소로 얻어 살던 집들은 아주 저렴한 몇 천만 원짜리 가격이었다. 하지만 나는 나이 들어서 이 정도 집에서만 살 수 있어도 참 좋겠다는 생각을 한 적이 있다. 나는 아주 큰 집이 서울에 없어도 충분히 잘 살 수 있을 것 같다는 생각을 종종 한다.

어떤 분들은 노후를 위해 해외에 눈을 돌리기도 한다. 동남아 퇴직이민도 늘고 있다. 물가가 자꾸 오르는 우리나라보다 물가가 훨씬 저렴한 나라들이 많다. 내가 다녀온 베트남만 해도 로컬 쌀국수 가격이 천 원이었다.

우리나라에서 외식을 하려면 1인분에 만 원이 훌쩍 넘어가는 음식들이 즐비하다. 얼마 전 아이들과 영화를 보고 나와서 밥을 먹으려고 가격을 보다가 발길을 돌려 집에 와서 밥을 먹었다. 중요한 건 선택지가 생각보다 훨씬 많다는 것이다.

우리는 한 달 살기를 다니면서 국내든 해외든 내가 나이가 먹더라도 살아갈 방법은 많다는 사실을 알게 됐다. 아마도 다양한 여행을 자주 다니지 않았다면 미래가 불안으로 가득 차 있을 나이일 테지만, 지금은 여러 선택길이 있다는 것을 알기에 그리 두렵지 않다.

"무조건 성공하고 돈을 벌어 노후준비를 해야지." 하는 걱정은 이제는 내려놓았다. 현재 있는 돈으로도 충분히 나는 지금처럼 노후를 재밌게 지낼 수 있을 듯하기 때문이다.

양구에서 만난 할머니가 있다. 인천에 살다가 나이가 들어 양구로 오게 되었다고 하셨다. 양구에서 노인복지관에 다니며 탁구도 치고 아르바이트도 하면서 즐겁게 산다고 했다. 할머니는 정말 활기찼다.

내 블로그 이웃 중에는 필리핀에 사는 분이 있다. 내가 베트남 여행 후기를 남기니 노후 이민은 베트남을 생각하고 있다고 댓글을 남겨주셨다.

여행을 다니며 도시 곳곳에 사는 이들과 함께 이야기를 나누다 보면 노후에 내가 살 곳은 어디든 맘만 먹으면 갈 수 있다는 확신이 생긴다.

'내 나이 마흔세 살이나 되었다'기보다는 '이제 내 나이 겨우

베트남 한 달 살기 – 무이네 해변에서 쉬고 또 쉬고

마흔세 살이다.'라고 생각하고 있다. 지금의 나를 충분히 즐기고 내가 하고 싶은 것을 하면서 세상을 살다보면 또 노후의 삶에 대한 지혜를 얻을 수 있다고 믿는다.

성장과 성공의 차이

"엄마! 엄마! 오늘 학교에서 뭐하고 놀았게?"
"뭐하고 놀았어?"
"응! 오늘 학교에서 무엇을 했냐 하면 말이야……."

아이들은 학교를 다녀오면 할 말이 많다. 학교에서 일어나는 사건들을 이야기하느라 바쁘다.

"우리가 이번에 뒷산에 나무로 집을 만드는 작업을 할 거야, 오늘은 그 집 설계도를 그렸어."

우리 아이들은 학교도 늘 신나게 다닌다.

"우와! 대~박 그런 걸 할 줄 알아?"

"그럼 그냥 그리면 되지. 그게 어려운 거야?"

아이들은 주어진 현실에서 재미를 찾는다. 무엇이든 긍정적으로 사고한다. 우리의 삶은 내가 어떻게 생각하느냐에 달렸고 내가 세상을 어떤 관점으로 보느냐에 따라 해석이 달라진다. 링컨 대통령의 명언 중에 이런 말이 있다.

"내가 결정짓는 만큼만 행복해진다."

행복은 내가 정하기 나름이다. 지금 이 순간 행복하다고 결정지으면 우리는 행복해지는 것이다. 나와 우리 아이들을 성장시킨 건 1년에 두 번 떠나는, 조금 긴 쉼표인 한 달 살기 여행이다. 그것이 우리를 매순간 성장시켰고 성공시켰다.

성장과 성공의 차이는 무엇일까? 과거의 나는 성공이 어렵다고 생각하며 살았다. 한 달에 한 번 타는 남편의 월급은 뻔했다. 우리는 어려운 살림에서 출발했기에 전세를 살면서도 대출이 많았다. 하루하루 근근이 살아야 했기에 희망이라는 것은 보이지 않았다.

'성공이라는 것은 나랑 거리가 먼 이야기구나.' 생각하며 살았다. 그러나 관점만 바꾼다면 전혀 세상이 달라진다. 지금 나는 성공한 삶을 살고 있다. 왜냐하면 지금 내가 행복하니까.

현재가 행복해야 미래가 행복하다. 현재가 불행한데 미래는 과연 행복해질 수 있을까?

한 달 살기 여행은 나를 참 많이 성장시켰다. 부를 성공의 잣대로 삼지 않고 현재의 행복한 삶을 잣대로 세상을 바라볼 수 있게 됐다. 그래서 나는 지금 성공했다고 생각하고 있다.

나는 이미 성공했다. 한 달 살기를 통해 나는 성장했다. 또 성장헤 나가면서 하루하루 소소한 행복을 누리고 있다. 이렇게 우리 가족이 건강하게 지금 이 순간을 행복하게 즐기며 여행을 떠날 수 있는 것이 너무나 감사하다.

미래의 두려움으로 돈만 모으고 즐기지도 못하다가 언제 어떻게 죽을지도 모르는 날을 기다리며 그 두려움에 꽉 찬 얼굴로 살아간다면 어떤 성장도 어떤 성공도 없었을 것이다.

베트남 여행을 마칠 때쯤 아들이 한 말이 지금도 생생하다.

"엄마! 말도 안 통하는 나라에 오려고 고민 많이 했을 텐데, 와 줘서 고마워!"

이렇게 말해 주는 아들딸과 함께 앞으로도 나는 우리나라 곳곳을, 그리고 세계를 누비면서 많은 사람들의 삶을 들여다

휴식의 도시 베트남 무이네 해변에서

보며 살아갈 것이다.

마지막으로 우리 아이들에게 해 주고 싶은 말이다.

"아가들아. 세상은 넓고 즐겁고 행복한 곳이란다. 세상을 두려워하지 말고 언제나 엄마처럼 도전하며 실패도 당당하게 받아들일 힘을 키우자. 여행을 통해 생기는 특별한 상황을 극복하는 경험을 쌓다보면 너희들의 삶 또한 어떤 특별한 상황도 극복해 나갈 수 있는 힘이 생길 것이다. 조금은 불편한 여행 그리고 조금은 불편한 삶도 생각을 바꾸어 맘껏 즐길 수 있는 사람이 돼라."

지금처럼 긍정적이고 적극적으로 도전하고 열심히 사는 것이 바로 성공한 삶이다. 우리의 성공을 위해 한 달 살기 여행은 앞으로도 계속될 것이다.

'한 달 살기' 궁금증 Q&A

Q: 숙소는 어떻게 구하나요?

한 달 살기 방은 인터넷에서 손품을 많이 팔아야 해요. 인터넷 월세 카페를 이용하거나 가끔은 부동산에서 월세를 얻기도 해요.

Q: 한 달 살기 방의 가격은 얼마정도 예상하면 되나요?

가격은 천차만별입니다. 100만 원이 넘는 곳도 있지만 오피스텔 같은 곳은 30만 원을 하는 곳도 있어요.

Q: 한 달 예산은 얼마나 드나요?

숙소 비용이 가장 큽니다. 그리고 한 달 생활비는 그냥 서울에서 사는 데 드는 비용 그대로 가져와 씁니다. 그렇게 가정마다 한 달 쓰는 생활비를 예상하시면 돼요.

Q: 무섭지 않나요?

사실 처음엔 두렵지만 며칠 지내다 보면 익숙해져요.

Q: 심심하지 않나요?

심심함의 낙원이라 할 수 있어요. 그래서 나를 돌아보는 시간을 많이 가지게 돼요. 심심함이 힐링이 된다는 사실을 알게 됩니다.

Q: 뭐하고 놀아요?

놀거리는 정말 다양해요. 산도 가고 바다도 가고 도서관도 가고 박물관도 갑니다. 그리고 때론 집에서 뒹굴뒹굴대며 쉼의 매력에 빠지기도 합니다.

Q: 아빠는 어떻게 참여하나요?

아빠는 주말에 오거나, 출발할 때나 돌아올 때 함께 해요.

Q: 아이들 다니던 학원은 어떻게 하나요?

여러 군데 다니는 학원들을 한 달 쉬어요. 학원들 한 달 비용이면 숙소비용이 만들어집니다. 과감히 쉬는 것을 권합니다. 학원 한 달 때문에 아이들 인생이 좌우되지는 않아요.

Q: 기억에 남는 장소가 있나요?

기억에 남는 장소는 많은데, 어디든지 실망하지는 않은 것 같아요. 한 달을 지내다 보면 그 마을 안을 구석구석 돌아보는 묘미가 있어서 남들이 발견하지 못하는 곳도 많이 발견하고 좋아요.

Q: 국내가 좋아요? 해외가 좋아요?

해외도 좋아요. 그렇지만 국내도 아름답고 힐링할 곳이 정말 많다는 것을 느껴요. 극성수기에 같은 장소를 갈 때와 조용할 때 가는 느낌은 또 다르거든요.

Q: 엄마는 장소만 바뀔 뿐 밥만 하는 거 아닌가요?

그래서 도착과 동시에 당번을 정해서 집안일을 다 나누어서 해요. 방이 작아서 할 일도 많지 않아 아이들한테 집안일을 시키는 것도 부담이 없어요.

Q: 엄마가 외롭지 않나요?

사람을 엄청 좋아하는 저도 외로울까봐 걱정을 많이 했지만 저도 해냈어요. 외로울 줄 알았는데 조용한 힐링이 외로움을 극복할 수 있게 해 줍니다. 여행은 뇌를 잠시 쉬게 하는 진정한 휴식입니다.

Q: 한 달 시간을 낼 수 없는 사람은 어떡하나요?

5일 살기, 일주일 살기, 2주 살기 등도 가능해요. 최근에 저랑 친한 지인들은 방 하나를 여러 가족이 공유해서 가기도 했어요. 방은 한 달을 잡아두고 서로 날짜를 나누어 쓰는 방식이었죠. 가성비가 최고이고, 한 달에 두 번 가는 것도 가능하지요.

맺음말

지금, 한 달 살기 떠나 보세요!

한 달 살기 여행책을 낸다는 게 나에겐 정말 어려운 도전이었다. 처음 내는 책이라 두려움도 크고 힘들기도 했지만 주위의 많은 응원에 힘입어 집필이 가능했다.

글 쓰는 것이 참으로 나와 동떨어진 이야기라 생각했는데 나는 그것을 해냈다. 한 달 살기를 도전한 것처럼 이 또한 새로운 도전의 성공담이다.

한 달 살기 여행에 대해 처음 알게 됐을 때 '참 이상적이다'라는 생각이 들었다. 평범한 사람들은 하지 못할 여행이라 여긴 것이다.

처음엔 나 역시 '시도해 보아야겠다'는 생각을 하지 못했다. 하지만 나는 지난 5년 동안 1년에 두 번씩 한 달 살기 여행을 실천해 오고 있다. 매년 아이들의 여름과 겨울 방학 때 한 달 또는 5주에서 6주의 기간으로 아주 긴 여행을 떠나고 있다.

여름과 겨울을 다 합치면 1년에 3개월가량은 쉼의 시간이다. 아홉 달은 바쁘게 일하는 대신 한 달 살기 여행 기간은 이제 절대 우리 가족에게 없으면 안 되는 소중한 시간이다. 그래서 우리 아이들과 한 달 살기 프로젝트는 계속될 것이다.

독자들도 한번 도전해 보시길 바란다. 은퇴 부부 여행도 좋다. 자녀들과 도전해 볼 수도 있다. 여행지에 가보면 초등학생 아이들보다 큰 자녀들과 다니는 분들도 많이 만날 수 있다.

해외여행에 따라 나선 이십대 초반 아들 둘을 데리고 나온 가족에게 내가 이렇게 물어본 적이 있다.

"아이들이 이렇게 컸는데도 잘 따라다니네요."

그랬더니 아이들이 "그동안 엄마 아빠가 우릴 안 데리고 다닌 거예요."라고 하는 것이었다. 그 말을 듣고 나는 깜짝 놀랐다. 아, 아닐 수도 있구나. 아이들이 크면 안 따라 다닐 거란 생각도 우리의 고정관념이었던 것이다.

"너희도 한 달 살기 여행 함께 갈래?"

오늘 당장 자녀들에게 의견을 묻고 제안을 해 보았으면 좋겠다. 내 주변 사람들은 지금 열심히 장기여행에 도전 중이다. 3일 여행도 두려워하던 나의 절친한 친구는 얼마 전 일주일 여행에 성공하고 이번엔 보름이 넘는 여행일정을 잡았다고 전해왔다. 여러 명이 방 하나를 잡아 공유하는 아이디어를 실천하는 장기여행 모임도 생겼다.

지금까지 이 책을 다 읽으셨다면 이제 남은 것은 오직 도전뿐이다. 인생은 짧고 세상은 넓다. 그러므로 세상탐험은 빨리 시작하는 것이 좋다. 그렇다고 도전이 마냥 쉬운 것은 아니다. 계획도 세워야 하고 가족의 지원과 도움도 필요하다. 그리고 가장 중요한 건 용기다.

그렇게 짧은 여행을 조금씩 늘여가며 한 달 살기를 성공해 나간다면 반드시 미니멀 라이프를 만나게 될 것이다. 미니멀 라이프 안에는 힐링도 있고 삶의 풍요로움과 행복이 들어있다.

여행은 언제나 보이지 않았던 새로운 면을 보여준다. 낯선 곳에서는 가족이어도 보이지 않았던 성격이 보인다. 무엇을 좋아하고 싫어하는지 나를, 자녀를, 남편을, 부인을 더 잘 알 수 있다.

한 달 간의 힐링을 통해 현재의 소소하고 확실한 행복도 알게 될 것이다. 당신 가족의 한 달 살기 여행을 응원한다.

그리고 마지막으로, 평범한 주부인 내가 책을 쓸 수 있게 용기를 준 1인1책 대표님과 이동조 작가님께 감사드리며, 또한 한 달 살기의 든든한 지원군 친정가족들과 시댁가족들께도 감사함을 전한다. 또한 나의 긴 여행 한 달 살기의 밑바탕에는 우리 아이들이 다니는 볍씨학교의 가치가 숨어 있음을 밝혀두고 싶다. 많은 배움과 훌륭한 여행의 길라잡이가 되어준 우리 볍씨학교 가족들에게 사랑과 감사의 말을 전하고 싶다.

지은이

류현미

한 달 살기 여행가이다. 한 달 살기로 마음 스트레칭을 하는 **머물go** 작가라고 불린다.

머물go 작가 류현미는 일 년에 두 번 아이들 방학에 가족이 함께 한 달 살기 여행을 간다. 이 시간은 가족 모두에게 전쟁 같은 일상을 쉬어갈 수 있는 숨구멍이기도 하다.

머물go 작가는 아이들과 함께 한 달 살기를 통해 배운 소중한 가치를 주변에 알려 나가는 중이다. 블로그, 인스타그램, 페북 등 SNS에서 그녀가 경험한 이야기를 풀어 놓았고, 이는 한 달 살기 여행을 꿈꾸는 사람들에게 소중한 정보와 지식이 되고 있다.

한 달 살기 동행자 첫째 아들 조승호(볍씨 학교)
한 달 살기 동행자 둘째 딸 조승희(볍씨 학교)

블로그 https://blog.naver.com/1130hm
인스타 https://instagram.com/sh2mam
이메일 1130hm@naver.com

내 삶을 바꾸는 조금 긴 쉼표, 한 달 살기

초판 1쇄 인쇄 2020년 6월 18일 | **초판 1쇄 발행** 2020년 6월 25일
지은이 류현미 | **펴낸이** 김시열
펴낸곳 도서출판 자유문고
서울시 성북구 동소문로 67-1 성심빌딩 3층
전화 (02) 2637-8988 | **팩스** (02) 2676-9759
ISBN 978-89-7030-148-8 03980 값 14,500원
http://cafe.daum.net/jayumungo